O Mal limpo

Michel Serres
da Academia Francesa de Letras

O Mal limpo
Poluir para se apropriar?

Tradução
Jorge Bastos

Copyright © Éditions Le Pommier, 2008

Título original: *Le Mal propre: polluer pour s'approprier?*

Capa: Sérgio Campante
Imgem de capa: Berkeley Robinson
Editoração: FA Studio

Texto revisado segundo o novo
Acordo Ortográfico da Língua Portuguesa

2011
Impresso no Brasil
Printed in Brazil

CIP-Brasil. Catalogação na fonte
Sindicato Nacional dos Editores de Livros – RJ

S51m	Serres, Michel, 1930-
	O mal limpo: poluir para se apropriar? / Michel Serres; tradução de Jorge Bastos. – Rio de Janeiro: Bertrand Brasil, 2011.
	112p.: 21 cm
	Tradução de: Le mal propre: polluer pour s'approprier?
	ISBN 978-85-286-1529-6
	1. Poluição. 2. Poluição – Aspectos sociais. I. Título.
	CDD – 363.73
11-6268	CDU – 504.5

Todos os direitos reservados pela:
EDITORA BERTRAND BRASIL LTDA.
Rua Argentina, 171 – 2º andar – São Cristóvão
20921-380 – Rio de Janeiro – RJ
Tel.: (0xx21) 2585-2070 – Fax: (0xx21) 2585-2087

Não é permitida a reprodução total ou parcial desta obra, por quaisquer meios, sem a prévia autorização por escrito da Editora.

Atendimento e venda direta ao leitor:
mdireto@record.com.br ou (21) 2585-2002

Para Marie e Jérémie
Rus *e* Urbs

Índice

URINA, ESTRUME, SANGUE, ESPERMA

Os fundamentos vivenciados do direito de propriedade......9

O limpo e o sujo: usos animais, usos humanos..... 13

Sangue, cadáveres: aplicações camponesas
e sacrificais 27

A linha vermelha: usos e abusos comerciais......... 35

Esperma: abuso sexual 43

LIXOS, IMAGENS, SONS

Matérias e signos........ 51

Poluição dura: abusos materiais 57

Poluição suave: abusos mensageiros...... 73

O desapossamento do mundo............ 83

Remate: abusos e usos individuais......... 99

URINA, ESTRUME, SANGUE, ESPERMA

Os fundamentos vivenciados do direito de propriedade[1]

---

[1] O título deste livro foi traduzido literalmente, mas o original, *Le Mal propre*, é assumidamente ambíguo. *Malpropre* significa "pouco limpo", "sujo", sendo muito usado no sentido figurado, aplicado às pessoas: "indecente", "desonesto", "canalha" (podendo também ser substantivado). É importante lembrar que *propre* significa "limpo", mas também "próprio", "pertencente", "peculiar", e esse duplo sentido será frequentemente explorado pelo autor. Em alguns raros momentos, para evitar notas, no texto em português se enxertaram colchetes (todos são do tradutor) para esclarecer o leitor sobre uma ambiguidade intencional entre os dois sentidos de *propre* e também quando a palavra original precisou ser citada por algum motivo. Acrescente-se ainda que a linguagem poético-filosófica de Michel Serres obrigou por vezes o tradutor a dar menos prioridade à clareza mais imediata, tentando alguma fidelidade também ao estilo. (N.T.)

O tigre urina nos limites de sua toca. O leão e o cachorro também. Assim como esses mamíferos carnívoros, muitos animais, nossos primos, *marcam* seu território com o mijo — duro, fedorento — e com uivos ou ainda com cantorias — suaves —,[2] como rouxinóis e tentilhões.

Marcar: esse verbo tem origem na marca que os pés deixavam no chão de terra. Dizem que, antigamente, as prostitutas de Alexandria tinham o hábito de entalhar suas iniciais invertidas na sola das sandálias para

---

[2] No original, os qualificativos *dur* e *doux*, traduzidos como duro e suave, vão se opor ao longo do livro e devem ser entendidos como vêm sendo usados mais recentemente, inclusive distinguindo as ciências duras (englobando as exatas, da natureza e formais) e as "moles" (humanas e sociais), sobretudo depois da generalização da informática, com a oposição *hard/soft*. (N.T.)

URINA, ESTRUME, SANGUE, ESPERMA

que as letras, impressas na areia da praia, pudessem ser lidas e reconhecidas pelo eventual cliente, que podia, então, encontrar mais facilmente a pessoa desejada. Os executivos por trás das grandes marcas veiculadas pelos publicitários em anúncios nas cidades grandes ficarão contentes ao saber que descendem diretamente, como bons filhos, daquelas putas.

Ou daqueles animais, que marcam com excrementos as fronteiras de suas áreas. Da mesma forma, certos vegetais lançam, ao redor, pequenos jatos invisíveis de ácido... Nada cresce à sombra gelada dos pinheiros.

O limpo e o sujo:
usos animais, usos humanos

Como os seres vivos habitam um determinado lugar? Como o estabelecem, como o reconhecem? Os leões pelo olfato, as aves pela audição... Pela visão, os anunciantes e as prostitutas... São três sentidos já despertos. De que modo os animais criam os laços pelos quais se apropriam da morada, para nela habitar e viver, que sejam tão fortes para eles quanto os laços do direito são para os homens?

A etologia, a ciência dos comportamentos animais, descreve amplamente ninhos, terreiros, covis, buracos, nichos ecológicos... ou seja, os hábitats, e também a maneira como as sujeiras dos machos os definem e protegem. São locais em geral secretos, escondidos, escuros, enterrados, perdidos... onde esses seres vivos comem, dormem, hibernam, copulam, dão à luz, nascem, enfim, sobrevivem: são eles proprietários ou inquilinos desses locais? Será possível dar resposta a essa pergunta um tanto antropomórfica? Ela pode ser facilmente invertida.

De fato, em meu livro *Le Parasite*, descrevo antes os hábitos desses mamíferos para comparar com as maneiras hominídeas de apropriação. Quem cospe na sopa a guarda para si; ninguém há de tocar na salada ou no queijo que foi dessa forma poluído. Para conservar algo como próprio, o corpo sabe como deixar alguma nódoa pessoal: suor na roupa, saliva nos alimentos ou outras grosserias mais, partículas no espaço, cheiros, perfume ou dejeção, sempre coisas bem duras... mas igualmente meu nome, impresso em preto, a tinta, na capa deste livro, assinatura inocente e suave, parecendo nada ter a ver com esse tipo de coisa; porém... Donde o teorema, que se pode considerar de direito natural — entendo, no caso, "natural" como uma conduta generalizada entre as espécies vivas: *o próprio se adquire e se conserva pelo sujo.* Melhor ainda: o próprio é o sujo.[3]

O cuspe suja a sopa, o logotipo o objeto, a assinatura a página: *propriedade-limpeza*, o combate é o mesmo, expresso pela mesma palavra, com a mesma origem e o mesmo sentido. A propriedade se *marca*, como o passo deixa seu traço. De modo inverso, observem — isso

---

[3] Como foi dito na nota anterior, perde-se na tradução a provocação: o limpo se adquire e se conserva pelo sujo. Melhor ainda: o limpo é o sujo. (N.T.)

O LIMPO E O SUJO

mesmo! —, um hotel limpa os quartos para que fiquem à disposição de outro hóspede. Não fosse assim, ninguém o aceitaria. Então, reciprocamente, limpo equivale a sem proprietário já definido, oferecendo livre acesso. Ou seja: *propre* [próprio] quer dizer apropriado, mas então significa sujo; ou *propre* [limpo] quer realmente dizer limpo e significa, nesse caso, sem proprietário. Entre aqui, neste lugar que foi limpo, ele é evidentemente acolhedor. Agora saia, acaba de sujá-lo, ele é seu. Ninguém há de querer dormir em seus lençóis, enxugar-se com sua toalha ou beber em seu copo, impregnado pelas bactérias deixadas por seus lábios. Em um hotel, aprecia-se a arrumação. Considera-se acolhedor aquele que a todos demonstra esmero. Em casa, trago de volta a lata de lixo, depois de passar o caminhão, e me tranco no recinto providencialmente denominado "Reservado". Antigamente, mal nos atrevíamos a traduzir a célebre citação *stercus suum cuique bene olet*, "o excremento cheira bem para quem o fez". O mesmo se pode dizer com relação ao barulho: o nosso não nos incomoda. E ainda no que se refere às diversas imundícies. E é também verdade com relação aos bebês, que, no estágio anal, demonstram maneiras análogas.

URINA, ESTRUME, SANGUE, ESPERMA

O squat *expropria*[4]

Pudicos, os dicionários antigos dizem que, pelo sentido da palavra, o *squatter* ocupa a superfície do terreno em que ele pode se agachar. Significaria dizer uma área bem pouco extensa, sobre a qual nem um anão poderia se deitar? Não, o *squat* descreve a postura agachada para defecar e também a das mulheres para urinar ou dar à luz. O antigo verbo francês *es-quatir*, origem da palavra, primeiramente usado com relação ao oeste norte-americano e à Austrália, refere-se ao verbo latino *co-acticare*, antiga e curiosa raiz de *cogito*, através de *co-agere* ou *co-agitare*: meus pensamentos, de fato, *agitam-se* em mim como, na pradaria, um grande rebanho de ovelhas agrupadas. Pois bem, os criadores de gado daqueles dois Novos Mundos tocavam bandos muito maiores de animais por terras que consideravam sem proprietário. Na verdade, porém, estavam expropriando, com pastagens ou pelo simples fato de passar, índios ou aborígenes que já habitavam ali anteriormente, mas sem títulos de posse, pelo menos não segundo a *common law*. Nada preparava então esse termo para designar o tal agachamento. Assim que assumiu esse sentido, ele passou a se remeter

---

[4] Nas últimas décadas, o termo *squat* voltou à linguagem comum, em vários países da Europa, como ocupação ilegal de um imóvel desocupado, de forma mais ou menos organizada, por um grupo de pessoas. (N.T.)

ao anterior: invadir e possuir. Acrescente-se que os animais, em sua marcha, nunca deixam os lugares livres de seus excrementos.

Da casa à fazenda

Passo da sopa, conspurcada pela cusparada, aos lençóis sujos, ou seja, da mesa à cama. Agora vou da apropriação individual à propriedade familiar; e do rato das cidades ao rato do campo. O quadrado de terra a se lavrar, a área de vinhedo ou de alfafa, o *pagus* dos antigos latinos de fato pertenciam de direito à tribo camponesa, dada a presença dos cadáveres ancestrais enterrados ali, em um túmulo ou sob uma pedra funerária. Quem se lembra de que a palavra paz vem da demarcação, com um *pau*, desse *pagus* lavrado? A pedra mortuária podia também servir de limite, em torno do qual se apaziguavam as relações entre vizinhos. Vou terminar o que quero dizer falando dessa paz.

Que o citado camponês ou pagão — palavras próximas, ambas ligadas ao *pagus* — se aproprie assim do terreno, posso explicar ainda da mesma maneira, quase animal. De fato, o que pode ser mais repugnante do que isso que não tem nome em língua alguma: o fedor que emana de uma carniça? Talvez apenas o do esterco, espalhado na devida estação do ano para melhoria, recuperação e enriquecimento do terreno. Pode ser que

URINA, ESTRUME, SANGUE, ESPERMA

reste uma dúvida quanto a essa camada biodegradável da gordura do fertilizante, do azoto da urina, ter de início coberto o campo obedecendo a intenções de apropriação. Contudo, gostaria de dizer que vislumbro nisso uma possível origem da agricultura. Aquele que primeiro delimitou um terreno, que disse aos filhos, aos parentes e à companheira para imitarem o que ele e seus animais faziam, deixando parte da urina e das fezes na superfície para tornarem aquela terra propriedade da família, descobriu com espanto, chegando a primavera e o verão, que o campo assim maculado verdejava e frutificava mais e melhor do que outros na vizinhança... Não teriam dessa forma inaugurado, com esse gesto, a profissão de agricultor e a sociedade rural?

Assim sendo, admirem, ao atravessá-las, as pacíficas paisagens — palavras com origem em *pagus* —, belamente delineadas, dos antigos países — ainda a mesma palavra — da Europa: elas estendem no espaço rústico os estercos fertilizantes e a Cidade dos Mortos.

Da paisagem ao país

Da tribo à pátria, da fazenda rústica às nossas cidades e daí às nações. Estas últimas às vezes reverenciam um túmulo do soldado desconhecido, nem tanto para lembrar, como pretendem as inscrições, os horrores da guerra — que melhor seria esquecer —, mas sim para se inclinar

O LIMPO E O SUJO

diante dos restos ignóbeis que consagram a apropriação, urbana ou nacional, do solo. Meu livro *Statues*, assim como *Les Morts*, de Robert Harrison, mais abrangentemente desenvolveu essa intuição. Stanford ergueu nosso *campus* comum[5] sobre os restos mortais de seu filho bem-amado, como Rômulo construiu a Cidade Eterna sobre o cadáver do irmão.

Milhões de jovens, cujos restos repousam em cemitérios militares, à sombra de estátuas de bronze erguidas à glória imunda daqueles que os sacrificaram — inconscientes, criminosos? —, marcaram com o próprio sangue e marcam com seus cadáveres a propriedade da pátria. *Nascidos* sobre o chão da *nação*, nele e por ele morreram esses jovens, que agora nesse mesmo chão dormem.

O pouco conhecido sentido de certas palavras

Apressadamente descrevo comportamentos vivos, individuais ou coletivos, sem me preocupar tanto com as palavras que emprego, como próprio, lugar ou locação. Então, esclareço nesse início o sentido de alguns desses termos exprimindo a propriedade. O verbo *avoir* [ter] tem a mesma origem, latina, que *habiter* [habitar]. No decorrer dos séculos, nossas línguas se tornaram o reflexo

---

[5] Michel Serres é professor da Stanford University, nos Estados Unidos, bem como Robert Harrison. (N.T.)

da relação profunda entre o nicho e a apropriação, entre o estar e o ter: habito, logo, tenho.

Appartenir [pertencer], por sua vez, vem de *ad-pertinere*, que significa aguentar, manter, ter em mãos [*tenir*] ou fixar-se em. *Tenure* e *tenant* repetem, em inglês, essa descrição de um arrendatário que se mantém. Mantemos mão firme sobre nossa habitação, fixamo-nos nisso. *Habiter*, *avoir*. Mesma relação entre *appartenance* [pertencente] e *appartement* [apartamento]: implicam esse mantimento, essa sólida fixação que acabo de evocar entre um corpo e seu ninho, entre vida e seu local, que é o objeto deste livro. Do verbo latino *ligare* descendem *ob-ligation*, *religion*, *nég-ligence* [obrigação, religião, negligência]... o conjunto das ligações que fixam a pessoa a uma referência, a um ponto ou a um lugar. Pertenço a um espaço em que determinado lugar me pertence.

Lugar, então, o que quer dizer? Sua fastuosa e pouco conhecida etimologia, o latim *locus*, designa o conjunto dos órgãos sexuais e genitais femininos: vulva, vagina, útero. *Sic loci muliebres, ubi nascendi initia consistunt* (Ernout e Meillet. *Dictionnaire étymologique de la langue latine*. Paris: Klincksieck, 1985, p. 364b; que me apresso a citar, preocupado com eventuais leitores que acreditem se tratar de fantasmas pessoais meus). O τόπος (*topos*), que exprime, em grego, o mesmo sentido, é anterior, certamente, ao termo latino e aponta para idêntico prazer. Todos, por nove meses, habitamos a matriz, o primeiro lugar; todos nascemos transitando pelo canal vaginal; pelo menos a metade de nós busca retornar à vulva de

origem. O amante diz à amante: "Você é minha casa."
Lugar neonatal, de nascimento e de desejo. Eis nosso *primeiro lugar*: morno, úmido, íntimo.

Externo à locação latina, o termo alojamento, de origem germânica (*laube*, vestíbulo), dela se afasta e significa um abrigo montado às pressas, de folhagens, como, por exemplo, a tenda chamada, em latim, *tabernaculum*. Uma vez por ano, a religião judaica festeja essa habitação móvel, armada ora aqui, ora ali, como no deserto do Êxodo; uma tenda nômade, pelo menos em aparência locativa. Ainda voltarei a isso.

Dos lugares do mundo exteriores ao corpo, nossa língua denomina *aqui* aquele em que repousam os mortos: *aqui jaz*. Volto ao país e à paisagem de ainda há pouco. No Egito, na Cidade dos Mortos, Cairo, os miseráveis invadiram um imenso cemitério, estabelecendo-se nas tumbas: necrópole, metrópole. Lá, entendi que, outra vez, uma primeira casa se construiu junto à tumba em que jazia aquele ou aquela que o infeliz não queria deixar. Não que o *aqui* do *aqui jaz* designe o local funerário: muito pelo contrário, assinala que não pode haver outro lugar senão aquele em que o corpo se enraíza. O lugar não indica a morte, a morte designa o lugar — frequentemente seu limite. Outro laço inevitável.

Aqui, em suma, para dormir, amar, dar à luz, sofrer e morrer... nós nos deitamos. Ainda a etimologia: esse verbo [*coucher*/deitar] vem de *col-locare*, dormir em colocação, partilhar um lugar. Vulva primeira, tumba

URINA, ESTRUME, SANGUE, ESPERMA

última... Essa terceira locação designa a cama, o leito em que, justamente, podem se dar o nascimento e a agonia, mas também o sono, o coito, a doença, o descanso, o sonho...

Por si só, minha língua desdobra três dos temas próprios deste livro, que vai dizer existirem pelo menos *três lugares fundamentais: o útero, a cama* e *a tumba*. Sabemos de fato o que dizemos? *Habitar* recai, então, nos nichos necessários em momentos de fraqueza e de fragilidade: o estado embrionário, o risco do nascimento, a primeira infância no seio, o carinho na oblação amorosa, o cochilo, a paz, o repouso... *requiescat in pace*, vida fetal, ato de amor, escuro da tumba, horizontalidade da noite.

Tudo o mais: aguentar o dia e estar de pé, as atividades da economia ou de cozinha, a comédia pública, a política, o calor e o frio do deserto... depende dessas necessidades íntimas que, da maneira mais forte do mundo, nos ligam a esses nichos. Oferecida ao espaço, nossa força vem de nossas fraquezas, que jazem nesses lugares; desses lugares ela brota. Primeira necessidade: habitar aqui. *Habiter, avoir...* como descrever a força do laço que os une? Aquele a quem faltar o aqui onde se deitar não terá forças para se manter por muito tempo de pé.

Essas palavras não se referem somente aos espaços ocupados pelos homens, pois — volto a isso como a uma origem viva — tudo que vive se refugia nesses nichos, e deles, igualmente, brota: ostras e tridacnas, canários e vespas, lebres e toupeiras, javalis, camurças, caprinos

O LIMPO E O SUJO

montanheses... têm ou habitam casca ou concha, colmeia, ninho ou terreiro, toca, buraco, como eu disse... Igualmente, as plantas crescem em locais cuja altitude reproduz o frio ou o calor de suas latitudes originais. Prova disso: se mudarem de ambiente, elas morrem ou será preciso construir-lhes estufas, moradias protegidas por um telhado de vidro, imitando o efeito que é conhecido pelo mesmo nome. Deixando de lado o antropomorfismo, consideremos então os lugares em geral como distribuições do espaço habitável, recorte praticado tanto por animais quanto por vegetais, algas, cogumelos e até por monocelulares... recorte necessário, então, para a continuação da vida em geral. Em nossos mapas, cadastros ou portulanos, muitos outros se esboçam, portanto, vitais...

Voltemos aos homens. Esses nichos, esses lugares acabam nos fazendo falta? Uma vez mais, muito exatamente nesse ponto, nossa língua denomina *pobre* aquele a quem os recursos pecuniários são escassos; *indigente*, o faminto privado até mesmo do pão; *miserável*, o errante sem teto, sem *lugar*. A miséria humana marca o limite da vida possível. Os que habitam *têm*, os que não habitam lugar algum *não têm um ponto*, em absoluto. Será que existem ainda? Acabam de decair aquém dos animais. Vou precisar, para terminar, voltar a eles.

URINA, ESTRUME, SANGUE, ESPERMA

Fundamento natural do direito de propriedade

Necessário para a sobrevivência, o ato de se apropriar me parece, então, ter uma origem animal, etológica, corporal, fisiológica, orgânica, vital... não se tratando de mera convenção ou algum direito positivo. Sinto haver uma cobertura de urina, de defecação, de sangue, de cadáveres em decomposição... *Seu fundamento vem do fundamento... seu fundamento vem do corpo, vivo ou morto.* Vejo nisso uma ação, uma conduta, uma postura... bem generalizada entre os seres vivos e também bastante indispensável para que eu possa chamá-la natural. Nesse caso específico, o direito natural precede o direito positivo ou convencional.

Rousseau se enganou. Ele escreveu: "O primeiro a cercar um terreno e a dizer: 'É meu', e tendo encontrado gente suficientemente simples para acreditar, foi o verdadeiro fundador da sociedade civil" (*Discurso sobre a origem e os fundamentos da desigualdade entre os homens*, início da segunda parte).

Descrevendo um ato imaginário, ele escolheu um fundamento convencional do direito de propriedade. Alguns séculos antes dele, no primeiro livro de sua *História romana*, Tito Lívio, mais concretamente, poderia ter dito: "O primeiro, Rômulo, que delimitou com uma vala um terreno lavrado pelo arado, em torno de Roma, e resolveu dizer: 'É meu', não encontrou ninguém que acreditasse nele, a não ser, infelizmente, seu irmão gêmeo

O LIMPO E O SUJO

— um rival, um concorrente, alguém com o mesmo desejo que ele... — para se opor." Essa fulminante reação de excessivo zelo foi finamente observada por Tito Lívio, que, para isso, trouxe à cena um duplo, um gêmeo. Rômulo, então, matou Remo, oportunamente surgido, e se apressou a enterrá-lo sob os muros da cidade da qual ele, com isso, justamente se tornou fundador, proprietário, senhor, rei. Os restos sangrentos do crime mancharam a terra de que ele assim se apropriou, pela lei que acabo de denominar natural ou viva. *Rômulo se manteve fiel aos lobos que o criaram.* O que contou o historiador latino, tão inexato quanto Rousseau, do ponto de vista histórico, exprime uma verdade antropológica cujo conteúdo remete aos costumes bestiais que quem flana na cidade vê o tempo todo, em ruas urinadas pelos cachorros, hábito que a etologia descreve.

Originado, então, na vida e nos comportamentos animais, o direito — é o que vou dizer — lentamente deixa essa ascendência, desliga-se, pouco a pouco se liberta e acaba, às vezes, até esquecendo essa procedência para criar um conjunto de convenções ou de legislações culturais. O direito natural pouco a pouco se torna positivo. Como?

De duas maneiras: primeiramente, fazendo evoluir práticas tão duras quanto possível: crimes, invasões violentas, lixos fedorentos... na direção de signos que denomino suaves. Em seguida, libertando-se dessas marcas. É do que trata este livro.

Sangue, cadáveres:
aplicações camponesas e sacrificais

A maior parte dos rituais praticados na Antiguidade, na extensão por ela denominada — por erro ou por ignorância — mundo habitado, reverenciava deuses originados no culto dos ancestrais. Em seu livro *A cidade antiga*, Fustel de Coulanges faz a descrição. Sagrada... é o nome da terra em que pisavam, iam e vinham, trabalhavam; sagrada por conter os restos históricos de linhagens ali inumadas. Da terra cultivada, do *pagus*, do terreno lavrado que os descendentes dos antepassados ali enterrados tinham a propriedade, descende, até mesmo pelas palavras, a religião *pagã*. Os lares e os penates representavam, no interior da habitação, os restos dos mortos e dos deuses do *pagus*.

Sucessor de Rômulo, o rei fundador, Numa, assumindo também as funções de sacerdote, instaurou esses ritos na segunda geração. Passado o primeiro assassinato, vêm as religiões.

História das religiões: um rastro horrível

Lendo o piedoso Virgílio ou o divino Homero, posso listar a enorme quantidade de sacrifícios oferecidos pelos reis, pelos guerreiros, pelos viajantes. Ifigênia, já de início, morta em troca de ventos favoráveis; os filhos de Atenas, em seguida, devorados pelo Minotauro... precedem touros, porcos, bezerros, novilhas e cabritos... degolados na pedra dos altares. A *suovetaurilia* multiplica a carnificina contra animais, o holocausto queima-lhes os membros... Enojado pelos traços de sangue cuja abominação amplamente macula o espaço por eles atravessado, sigo, pelas pegadas, as idas e vindas desses antigos heróis: rastros viscosos e insípidos... Quanto cheiro de carne queimada, quanto ossuário deixado para trás! Será que imaginavam estar marcando esses trajetos com restos dos quais provavelmente ignoravam a função? Estavam lustrando, pretendiam eles...

Realmente, preciso traduzir em latim o que disse Rousseau, que, no entanto, já soava tão romano. Percorrer um lugar, dar a volta por sua periferia, girar ao redor, até mesmo passá-lo em revista... "O primeiro a cercar um terreno..." se diz, nessa língua, *lustrare*, justamente. Esse mesmo verbo de cercadura significa, ao mesmo tempo, limpar, purificar. Essa purificação se faz por meio do

SANGUE, CADÁVERES

sacrifício; o derramamento de sangue serviria para lavar ou para sujar? A vítima a ser sangrada, levada ao redor do objeto a se purificar, delimita-o, cerca-o com sua passagem; por isso os bois, antes de morrer, giravam em torno do altar. Com esse ritual e o devido sacrifício, a lustração se torna, ao mesmo tempo, espacial e sangrenta. Esse terreno cheio de sangue e de membros horríveis, que os antigos enxergavam puro, eu vejo sujo, encharcado de sofrimento, terrivelmente fedorento e empestado. Eles o diziam delimitado e eu o digo apropriado. Apropriado sob o sangue e sobre o cadáver.

O primeiro que, sacrificando uma criança ou um porco depois de fazê-los dar uma volta em determinado lugar, inundou esse lugar com o sangue da vítima, conseguiu delimitá-lo e torná-lo um *templo*. Traduzo, agora, em grego: da mesma família que lobo-tomia ou á-tomo — τεμνω em língua grega quer dizer recorte —, o termo templo significa, justamente, a cercadura de um lugar, por dentro sagrado, por fora profano. Traduzo em francês: *cloître* [claustro]. Traduzo em polinésio: dentro, *tabu*, fora, de todos. Passem por uma ilha do Pacífico e poderão ver essa palavra, *tabu*, escrita com letras grandes em placas que marcam uma propriedade privada. Não entrem, o lugar é de alguém. Delimitado.

Em tempos passados, fosse humano ou animal o sacrifício, quando com o sangue das vítimas se inundava o altar, o templo ou o pátio, esse horrível derramamento assinalava em vermelho o lugar do deus. Ou do herói:

o de Remo se espalhando pela Roma de Rômulo. Que se torna dele. O sangue firma o espaço interno. Ninguém tem o direito de entrar nesse *templum tabu*. Querem profaná-lo? Basta sujá-lo! Ao fundamento "natural" do direito de propriedade sucede o fundamento religioso. Lembrem, Numa vem depois de Rômulo.

Para concluir: nada mais fechado que o templo de Vesta, situado antigamente no Fórum de Roma. Redondo, recebia apenas sacerdotisas virgens. Nos fundos havia uma portinhola por onde as vestais expeliam regularmente as cinzas do fogo que tinham como missão conservar puro e perpétuo. Era chamada *porta estercoral*, ou seja, o ânus. *Stercus*, como sabemos, significa o excremento, essas escórias — escatológicas — continuam a insistir, em grego e em latim. Assentado fora do centro anteriormente apropriado por Rômulo, o templo lançava seus restos na cidade. E eles, com isso, demarcavam os limites do templo.

Depois da urina, o sangue. Depois do sangue, as cinzas. Depois da natureza, depois do paganismo do *pagus*, o politeísmo.

Dois fins do fundamento religioso

Primeiro exemplo de suavização, primeira narrativa de libertação. Não nos damos mais conta da reviravolta que ocorreu, pelo menos para os povos europeus, por volta

SANGUE, CADÁVERES

do século I de nossa era, com a progressiva conversão ao cristianismo.

De repente, conversão. Relendo o antigo latim da missa, lembrei-me do *lavabo*. Fui coroinha e apresentava ao oficiante a água da purificação. Nada de sangue, água. Nada de sangue, vinho. O sangue se transubstanciava em vinho. Antes disso, porém, o *lavabo* usava água, a água pura e simples do lavar. O padre, então, com as mãos mergulhadas, recitava o versículo nove do salmo XXVI: "Senhor, não colhas minha alma nem minha vida com os sanguinários"... *cum viris sanguinum*... Não matarei pessoa humana, com certeza, nem animal... para sacrifício: nada mais será *tabu*. Fim do sagrado, somente o que é santo. Fim do sujo, somente o limpo. No altar como no hotel? Fim da propriedade?

Vejam só. Novamente a conversão. A Terra Santa — não sagrada, mas santa — não calcaremos com os pés; ela não será lavrada por nossas mãos nem por nossos arados. Na verdade, mal se habita nela, que não *jaz mais aqui*, ela tem lugar alhures, muito longe, para os lados de Jerusalém e Belém, na direção do Levante, onde nasceram Abraão, Sara, a Virgem e o Messias, homens e mulheres que nunca haverão de figurar em nossas genealogias. Nossa terra própria foi assim dessacralizada, ia dizer laicizada: qualquer uma, semelhante a qualquer outra, mergulhada em um espaço homogêneo e isotrópico. Foi, até mesmo, objetivada: lançada à nossa frente, de qualquer jeito, passiva. Objetivável. Nossas ciências vão até poder, um dia, estudá-la, observá-la, medi-la...

URINA, ESTRUME, SANGUE, ESPERMA

Alguns de nós, uns poucos, só conhecerão a chamada Terra Santa, essa a leste, após uma longa peregrinação: peregrinação e peregrinar vêm de *per-ager*, viajar para outro campo, para outra agricultura, que não é minha — ou, no caso, que não mais é minha. Melhor ainda, essa terra que dizemos santa nem sequer contém restos daquele que ressuscitou, deixando vazia sua tumba, sem cadáver nem múmia, aquele de quem, ainda por cima, festeja-se a Ascensão ou, no caso feminino, a Assunção — decolagens que nada deixaram na terra. Nada resta *ali*, o menor pedaço de pano, a menor reliquiazinha nem a menor marca de que se possam deduzir anais. Filha daquela que inventou, com suas profecias, a História, essa religião se fundamenta na vida de uma personagem que *não deixou traço algum a partir do qual se possa inferir uma História*. É onde termina a história antiga; o mesmo direi, mais adiante, com relação à Geografia.

Antigamente chamada santa, essa terra perde, por sua vez, o sagrado, pois não contém mais restos; não tem mais sangue, apenas um pouco de vinho; sem cadáver, sem fedor, nenhum sinal de apropriação. Definitivamente lavada; definitivamente desapropriada; desterritorializada. Na face universal do mundo, o velho grande Pã, filho de todos os mortos, morreu; e o novo deus, Jesus Cristo, ressuscita, sem com isso indicar lugar nenhum. Nem espaço, nem História, nem tempo.

A partir daí, não se investe mais esperança senão na Jerusalém celeste, totalmente fora deste mundo. *Nosso* mundo jaz fora daqui. A terra santa nem sequer se encontra na Terra Santa; nem pode mais se localizar na Terra, que passa a se denominar o "cá embaixo". Desapropriado, viajante, errante, passageiro, peregrino, *locatário, nosso ser não está mais aqui*; não está aqui nem estará, ele apenas passa por aqui. Eis as novas respostas para as quatro perguntas clássicas, relacionadas ao lugar: nem *ubi,* nem *quo,* nem *unde,* mas sim *qua:* nova fundamentação — espacial, religiosa ou antropológica — da locação. Não há mais aqui nem apropriação; vivemos de passagem ou em locação. Desterritorializados.

De onde podemos anunciar um primeiro fim da propriedade. Abstrato, teórico, virtual, como se queira.

Sangue impuro

Eis, porém, pelo menos um comprovante de regressão com relação ao referido sucesso. Segunda narrativa, segundo exemplo, de fato, em sentido inverso: a pátria da *Marselhesa,* seus sulcos maculados, sujos, encharcados, ou seja, apropriados graças ao sangue impuro dos inimigos...[6] dá a medida dos retrocessos antropológicos, se não bestiais, em todo caso racistas — quem se atreve a apontar

---

[6] Para um francês, são palavras que muito obviamente remetem ao estribilho do hino nacional. (N.T.)

para mim, em particular ou publicamente, alguém com sangue impuro? —, voltando ao arcaísmo do *pagus*. Dão-se conta disso? Os franceses cantam aos berros um hino nacional que os leva de volta a um período anterior à Antiguidade, mais exatamente a ritos arcaicos, cujos gestos, insisto, imitavam comportamentos bestiais de hienas e chacais... Duas regressões de uma só vez: sujo pelo sangue, o país lhes pertence; enterrados sob os sulcos, os mortos, milhões deles, fundamentam a pátria, suja com esse sangue — que é puro — e com o outro — impuro —, dos fraternais inimigos... para que volte a apropriação duas vezes fundamentada.

O hino nacional se torna hino religioso, porém arcaico, anterior ao discreto monoteísmo cristão. Contudo, não há por que nos preocuparmos; nossos concidadãos só o berram, ainda empolgados, em ocasiões derrisórias de confrontos — esportivos até pouco tempo atrás e hoje midiático-financeiros —, e o campo, nesse caso, como a vitória, muda de mãos a cada partida e a cada tempo de jogo. Paga-se apenas sua locação.

A linha vermelha:
usos e abusos comerciais

Segunda suavização. Que acontecimento fez do século XX um momento capital na história de nossa espécie e, até mesmo, no processo de hominização? Não foram as guerras nem a violência — que ensanguentaram o mundo e repetiram, de maneira monótona, apesar de agravá-las, as abominações ordinárias desse pesadelo que denominamos História —, mas sim o progressivo desaparecimento da agricultura em países com mórbida tendência suicida. O principal exercício hominídeo desde o Neolítico — o trabalho cotidiano em cima de uma terra em que o *pagus* recortava o lugar, duro e fixo, referência para a propriedade — era exercido, por volta de 1900, por mais da metade dos franceses, ou seja, por pelo menos uma a cada duas pessoas ativas. Hoje, a agricultura ocupa apenas 2% da população.

URINA, ESTRUME, SANGUE, ESPERMA

Outro fim da propriedade

Aqueles que hoje celebram e repetem, cantando, os sulcos embebidos de sangue ignoram — e certamente de maneira definitiva — as longas linhas do arado e a canga da antiga labuta. Com isso, o citado *pagus* deixa de ser a referência da propriedade. *A terra do Ocidente, então, apagou de sua face a paisagem e o camponês.* Aplanado pelo trator nivelador e conexo por centenas de hectares, o chão da França deixa que ainda se vejam apenas uns poucos farrapos daquela arcaica paisagem. Sem camponeses: sem campo, sem país.

A referência para a propriedade passa, com isso, mas em definitivo, dessa dureza — a terra arável, a tumba, os cadáveres e os deuses pagãos — ao suave: uma simples assinatura no papel. *Do pagus à página;* a antiga palavra se repete, passando do duro ao suave.

Franquias

Entretanto, nem por isso devemos considerar as franquias, correntes hoje, uma descoberta recente, tampouco uma invenção genial decorrente dos novos mercados. Quando as grandes empresas se livram de suas propriedades duras, máquinas complexas, muralhas invencíveis, meios de produção pesados e volumosos... quando, até mesmo, deixam seus locais e só conservam o *logotipo*, o nome, a marca, a bandeira, as cores, o signo, a propaganda...

A LINHA VERMELHA

estão apenas perpetuando o movimento de desterritorialização iniciado há alguns anos no campo e, mais anteriormente ainda, há pelo menos dois milênios, pela religião. O testemunho de todo esse movimento se mantém nas línguas romanas, por exemplo, com o deslocamento de sentido que acabo de apontar entre o *pagus* — área lavrada por bois vagarosos e pelo arado de ferro — e a *página* — em que as linhas imitam sulcos. Devo, assim sendo, com meu nome suave assinar estas páginas?

Atravessando a história, esse movimento, justamente, vai do duro — "natural" — dos corpos ao suave — "cultural" — dos signos. A apropriação, em particular, assume uma tendência a se produzir, nem tanto por meio das dejeções, mas por meio de assinaturas em páginas ou de imagens e palavras gritadas, estampadas, repetidas ou escritas. Nem tanto pelo sangue ou pela urina, mas por uma sigla.

Esses signos, porém, como vamos ver e ouvir, rapidamente se tornam tão sujos e poluidores quanto as dejeções mencionadas anteriormente, perpetuando, com sua dura suavidade, os gestos antigos de apropriação.

Reapropriação dos objetos vendidos

Começo a demonstrar o que disse, voltando, por um momento, à marca. Quando era menino, antes do início

URINA, ESTRUME, SANGUE, ESPERMA

das aulas, minha mãe marcava minha roupa aplicando minhas iniciais, MS, com linha vermelha, na gola dos pijamas, no peito das camisas, no tornozelo das meias, no cós das cuecas. Interno, eu com isso reconhecia minhas coisas, limpas, quando voltavam da lavanderia do colégio. Essa lavação apropriava a roupa suja que cada um de nós tinha como própria [limpa]. Eu reconhecia minhas roupas de baixo porque, de certa maneira, minha mãe as havia sujado, não com meu sangue nem com o dela — fossem puro ou impuro, mas, em todo caso, duro (voltávamos a ser secretamente leigos, até mesmo se comparados às religiões antigas!) —, mas sim pelo uso de uma linha suave, cuja cor vermelha o imitava e cuja finura mal se assinalava como signo. O horror do internato bem que valia o derramamento desse sangue. Apesar de suave, esse novo sujo resistia tanto ao lavar quanto as mãos de Macbeth ou a chave de Barba Azul.

Hoje, as empresas e os fabricantes marcam com sua mancha, impressão ou assinatura o que vendem: produtos alimentícios, roupas, automóveis. Usando uma estratégia competente e que passa despercebida — pois exposta ao olhar de todos —, eles dividem com o comprador a propriedade. São ainda mais espertos, eles ficam com ela! De longe, meu carro não anuncia meu nome, quero dizer, o do ingênuo ao estilo Jean-Jacques que pensou tê-lo comprado; o que ele anuncia é a marca do fabricante. Pagamos às montadoras o que compramos, mas, de certa maneira, elas ficam com o que vendem.

Permanecemos apenas locatários. Somos roubados, mas em troca podemos, enfim, compreender a máxima famosa de Proudhon: *A propriedade é um roubo!* Melhor ainda, as empresas de tal forma convencem os compradores da excelência, verdadeira ou não, de seus produtos, que provocam no público o desejo de compra e, com isso, esses iludidos fazem fila para multiplicar a publicidade de que são vítimas.

No entanto, a coisa ainda não acaba aí. Não apenas determinada marca guarda meu carro, deixando seu nome e logotipo bem visíveis no capô dianteiro e na traseira, mas também o Estado exige uma placa de identificação em que, por sua vez, impõe seu selo. Os objetos que compramos permanecem sujos, ou seja, apropriados por quem os vende e pelo governo. Duas vezes logrados, tornamo-nos locatários de dois monstros famintos, e em ambas as vezes de maneira suave. Não compramos mais, nós *alugamos*! Melhor ainda, fazendo publicidade dos que nos roubam: nós os *elogiamos*![7]

Tenho todo o respeito pela prática do piercing. Vejo nisso uma reapropriação de si mesmo, de seu corpo e de sua pele, com uma marca, um brasão pessoal, cansados dessa coisa sem graça que é carregar a publicidade dos outros em suas calças.

---

[7] No original, *louons*, do verbo *louer*, com o duplo sentido de alugar e de louvar os méritos. (N.T.)

Dados

Vamos nos manter no suave dos signos. Relaciono tudo aquilo que me marca: meu nome, minha data de nascimento, minhas compras, meus diversos endereços, os dos locais comerciais que frequento, minha lista de chamadas e minhas preferências alimentares, meus números de telefone, fax, seguro social e passaporte, o de minha conta bancária com o montante das despesas, o total de meus ganhos sujeitos a imposto, a série de minhas doenças e dos remédios que tomei... conjugo todas essas palavras e verbos na primeira pessoa para que o leitor compreenda que tudo isso me pertence, às vezes até de maneira íntima, como, por exemplo, o corpo e a saúde — voltei ao sangue! A linguagem técnica usual chama isso de meus dados. A quem eu os dei?

É um estranho vocábulo. Os filósofos da tradição utilizaram essa mesma palavra para o que sinto e vejo do mundo: os dados da percepção, como eles dizem. Por acaso as coisas me oferecem, gratuitamente, seus perfis, limites, formas, cores, sonoridades, dores, carinhos...? Que eu saiba, predadores que somos, no alto da cadeia alimentar, matamos e devoramos animais e vegetais sem pedir o consentimento deles, que nos dão o sangue, a carne, os ossos e a pele. A partir de qual direito não escrito achamos que os animais, as plantas e o mundo nos pertencem, ou seja, que essas sensações, que esses seres vivos nos foram e continuam sendo dados? Será

A LINHA VERMELHA

que roubamos o mundo como o fabricante e o Estado confiscam meu carro? Levando conosco o ferro e a morte nos tornamos senhores e donos. Vivemos e comemos como parasitas do mundo.

Pensando bem, meus dados, nome, endereços e números listados anteriormente — dados suaves, no caso, e tão pessoais também, se comparados aos dados duros do mundo — se distribuem e se marcam em diversos cartões, com ou sem chip, frequentemente designados como "de fidelidade", mas cujo conteúdo muitas vezes pertence menos a mim do que às diversas empresas privadas ou instituições públicas. Pelo menos elas o dividem comigo. De quem são, então, os bancos de dados em referência?

Indivíduos, clientes ou cidadãos, vamos indefinidamente deixar que umas dez instituições de Estado — os bancos, os hospitais, as grandes lojas de rede... — se apropriem de nossos dados pessoais? Acrescente-se que isso hoje se torna uma autêntica fonte de riqueza. Configura-se aí um problema social, cultural, político, filosófico, moral e jurídico bem novo, cujas soluções podem transformar nossos horizontes individuais e coletivos. Pode disso resultar um reagrupamento de segmentações sociopolíticas e o surgimento de um *quinto poder, o poder dos dados*, independente dos outros quatro: o Legislativo, o Executivo, o Judiciário e o da mídia. Ninguém pode, desde já, adivinhar se ele vai se tornar alienante ou uma garantia para outras liberdades. No momento,

41

nossos dados não nos pertencem. Quero dizer, não completamente. Uma vez mais, só nos beneficiamos deles como locatários.

Esperma: abuso sexual

Urina, sangue, morte e signo... vamos ao esperma. Outra apropriação, outra locação. Revisitemos os dois lugares aprazivelmente descritos anteriormente: o útero, para começar. Platão toca no assunto em *Timeu*, referindo-se ao espaço por ele chamado *chôra*, que às vezes nossas culturas celebram como um paraíso perdido. Platão diz se comportar, a matéria desse lugar uterino, como algo muito amoldável ou como uma pequena barra de cera sobre a qual os traços ficam *marcados*; hoje diríamos um suporte. No entanto, marcas e impressões de quem ou de quê? Do proprietário, de um locatário, de um visitante de passagem? O que mais a respeito dessa marcação, dessa impressão, que logo passa a se chamar pregnância, em linguagem usual, ou impregnação nas ciências naturais? Quem empunha a relha da charrua ou o estilete para traçar essas marcas?

URINA, ESTRUME, SANGUE, ESPERMA

Retorno ao verdadeiro lugar: o terceiro fim da propriedade

Em seguida, a vulva e a vagina. Desde tempos imemoriais, o macho busca garantir para si a propriedade de um lugar onde, como os animais citados anteriormente, ele possa colocar aquilo que, pelo menos por sua origem, nem está tão distante da urina. Com a ejaculação do esperma, ele acredita se apropriar dos lugares em que se realiza o ato de seu desejo. Desse remanescente animal, dessa ideologia, dessa prática, desse mito resta pelo menos uma lembrança: a da antiga teoria da impregnação, já mencionada, ou *telegonia*, com estranhas capacidades. Segundo estas, uma mulher que, por exemplo, teve um filho de determinado amante terá a vida inteira filhas e filhos apresentando características dele, mesmo que os pais biológicos posteriores não as tenham.

Um dos primeiros romances de Zola, *Madeleine Férat*, relata, bem antes da série Rougon-Macquart, o ciúme mórbido e fatal de um marido que o tempo todo vê, em seus filhos, os traços do primeiro amante de sua mulher. Poderíamos formular essa telegonia escrevendo: "O primeiro que, ejaculando em uma vulva ou em uma vagina, diz: 'Esse órgão é meu' e encontra uma mulher suficientemente simples e ingênua para acreditar nisso se torna seu proprietário definitivo." É puro Jean-Jacques, em versão sexual, revisto e assumido em *L'Amour*, que, apesar disso, é um belo livro de Jules Michelet (Paris: Hachette, 1858) e que (pp. 399-404), citando *Traité philosophique et physiologique de l'hérédité naturelle* — escrito por certo doutor Lucas, autoridade incontestável na

44

matéria em sua época —, evoca "a lei, generalizada entre os animais superiores, que *atribui a fêmea* (grifos meus) a seu primeiro amor". Michelet acrescenta: "Como a *posse* do marido — primeiro a ocupar — se torna inapagável, o único enganado seria o amante." Em um artigo de *La Tribune*, publicado em 29 de novembro de 1868, o próprio Émile Zola, apoiando-se em cartas de Marion, laureado do Institut de France, toma a defesa de seu livro, que corria o risco de ser censurado, dando-lhe um valor moral, uma vez que, diz ele, a fisiologia científica fundamenta a eternidade dos laços matrimoniais. Essa crença na telegonia justificava também as práticas, reais ou imaginárias, do direito de *cuissage*,[8] com muitas mulheres acreditando que, se passassem, ainda virgens, a noite de núpcias com um príncipe, todos os filhos que em seguida tivessem com seus maridos nasceriam, consequentemente, marcados pelo "sangue azul" da alta linhagem. De minha infância no campo, lembro-me ainda de um vizinho que não conseguia vender os filhotes de sua cadela, que era, como se diz, de raça, porque o vilarejo todo sabia que tinha sido, de início, coberta por um vira-lata: todos diziam que era uma cadela *marcada*. Mais uma vez, a marca! Ibsen e Strindberg também repetem, bem no fim do século XIX, essa tese, que pode parecer uma variante ocidental e "suavizada" da excisão:[9] o esperma em vez do

---

[8] É o direito à primeira noite, que o soberano teria com as mulheres de seus súditos. Em português, já se traduziu como "direito de pernada", mas mantive a forma francesa (como, aliás, se faz em inglês). (N.T.)

[9] No caso, sobretudo a ablação ritual do clitóris. (N.T.)

sangue; um fluxo, mais do que um ferimento; um crime e um escândalo.

A genética de hoje aplicou um golpe mortal a todos esses fantasmas, descritos por Zola com suas consequências mórbidas e cuja ideologia permitia que os machos se considerassem proprietários de suas mulheres, caso tivessem sido os primeiros a ocupar o "local". Por acaso não estariam esquecendo que todos nós, de ambos os sexos, quando crianças estivemos ali?

Em um texto que me envergonha encontrar nas estantes de filosofia, Emmanuel Kant dá a essa infâmia uma dignidade conceitual, à sua maneira, denominando a mulher objeto do casamento, e o homem sujeito. Ela passiva, ele ativo; ela hotel e recepcionista, ele convidado; ela terra, ele proprietário. Acocorado, o *squatter* de Königsberg se apropria do lugar e o objetiva, molhando-o. Saia, bicho sujo, saia!

Alguns novos locatários

A partir disso tudo, a assim chamada liberação da mulher — às vezes tento avaliar o volume de ódio que elas, tratadas dessa forma por milênios, em todas as culturas e por toda a superfície da Terra, se sentem na obrigação de manifestar, no espaço de tempo de poucas gerações! — soa afinal como a desapropriação, a descolonização desses lugares. Esqueçamos um pouco a etimologia induzida por essas práticas humilhantes. É algo mais difícil do que se imagina, mas as mulheres precisam se *reapropriar* dos órgãos de seu corpo! E o macho, finalmente, aceitar o papel, eminentemente moderno, de locatário.

Outra vez, então, diz o amante à sua bela: "Você é minha casa, sou apenas co-locatário" — *col-locare* —, coabito com você na mesma palhoça, deitamos em locação comum, em lugares justamente partilhados. Isso com relação à sexualidade; passemos ao genital: atualmente, os biólogos nos informam, além do mais, que o sexo masculino efetivamente se comporta como parasita da mulher, fazendo-a carregar o fardo da reprodução de seus genes. Um viva, então, para as experiências de procriação artificial ou assistida!

Recomendações amáveis enquanto isso: lave-se antes de fazer amor e de se entregar a outra, mas ela só o amará realmente se gostar de seu cheiro próprio [limpo]. *Lavabo inter innocentes manus meas*, lavo-me antes de me oferecer a Outro.

Ferro em brasa e aliança de ouro

O casal se separa ou se divorcia com mais frequência do que se imaginava unido para sempre. Julgavam-se proprietários um do outro, mas o casamento passou a ser visto como um contrato temporário de locação. A propriedade, no casamento, equivale à escravidão. Outra vez a marca: o boi e o escravo são marcados com o ferro em brasa, o automóvel com o logotipo da Ford e *a esposa com a aliança de ouro*.

URINA, ESTRUME, SANGUE, ESPERMA

A legislação do divórcio transforma o antigo direito de propriedade do marido sobre a mulher, ou vice-versa, em simples co-locação (locação conjunta). Da mesma maneira, a adoção, definida no início da era cristã por uma Santa Família inteiramente adotiva, torna-se uma locação. Pai e mãe não podem mais se julgar proprietários de seus filhos, mesmo que marcados por uma semelhança ou, mais ainda, por seus genes.

O adultério

Por que, segundo Denis de Rougemont, o amor nasceu há não muito tempo no Ocidente e, mais precisamente, do adultério? Por ter sido quando se libertou da apropriação. O casamento consagrava uma propriedade; o amor adulterino a quebra. Se for verdade que a fidelidade, concebida como virtude, resulta dessa propriedade, nesse caso, mulheres, pratiquem corajosamente o adultério! Ele significa a libertação, até mesmo virtuosa, daquelas cadeias, uma vez que a propriedade à moda antiga equivalia à servidão.

Se a obediência, experimentada como virtude, resulta igualmente da propriedade, crianças, corajosamente, desobedeçam, deixem de se sujeitar às neuroses de seus genitores! Não nos libertamos do antigo direito de vida e de morte que os pais tinham sobre os filhos? Não declaravam guerras para usufruir de um espetáculo em que seus filhos eram mortos pelos dos rivais? Pelo prazer de

ESPERMA

enterrá-los em suas propriedades, sob o arco do triunfo da cidade? Estou sendo injusto? Não creio, pois não é diante do túmulo dos antepassados que esses velhos se recolhem, mas sim diante da tumba de seus filhos sacrificados... Sexual, familiar, reprodutor, humano, pedagógico... esse quarto fim da propriedade se inclui, se posso assim dizer, dentro do quinto, que é gigantesco, mundial, contemporâneo e catastrófico.

Retomar a ordem das coisas

Antes de chegar lá, faço um resumo: pela urina, pelo sangue, pelo esterco, com cadáveres e também pelo esperma, os restos corporais serviram à apropriação dos lugares; a etologia animal, a antropologia, a história das religiões, a sexologia, o velho direito privado... tudo isso confirma essa análise e permite a compreensão de diversos fundamentos esquecidos do direito de propriedade. Lembro que, com origem religiosa e médica, a palavra poluição, de início, significou a profanação dos lugares de culto por dejeções e, mais tarde, o sujo da ejaculação nos lençóis, em geral por origem masturbatória. Muito esquecida, essa evolução da palavra também valida o que vem a seguir neste livro.

Dele aproveito para, em três linhas, reordenar o ritmo. Saídos de um corpo masculino, tanto a urina quanto o esperma traçam e fundamentam vinculações individuais e privadas: em uma área assim delimitada, ou em uma ou mais fêmeas, consencientes ou forçadas. Os cadáveres dos antepassados fundamentam a posse do *pagus* ou dos campos que compõem a fazenda. A propriedade passa então de uma pessoa — ou de um animal — à sua família, à sua tribo. O sangue derramado das vítimas traça os limites, já públicos, de um templo, assim circunscrito, tornando-o sagrado ou *tabu*. Trata-se, ao mesmo tempo, do próprio de um deus e de uma cidade. Com base nisso, os monumentos aos mortos, celebrando a vergonha do massacre de crianças inocentes por pais de inominável crueldade, algo que, pessoalmente, chamo de assassinato dos filhos, fundamentam a propriedade, agora, sim, decididamente pública e coletiva, de uma cidade e, mais amplamente, de uma nação. *O crescimento do volume* de lixo e de dejeções — urina, esperma, sangue, cadáveres... —, sempre corporais ou fisiológicas, marca *uma extensão do espaço apropriado* — nicho, fazenda, cidade, país —, assim como *o aumento do número dos sujeitos dessa apropriação* — indivíduo, família, nação...

Nesse ritmo, para que o crescimento não pare e, de repente, se imponha verticalmente ao planeta e à humanidade, foi preciso passar dos cemitérios e das dejeções corporais, subjetivas ou humanas, para lixos mais objetivos: estações de tratamento de esgotos e lixões... para as metrópoles, resíduos industriais, menos biodegradáveis; ou dos objetos-mundo para o mundo. Chegamos ao que interessa.

LIXOS, IMAGENS, SONS

Matérias e signos

Como se deu essa passagem? Como o fisiológico se transforma em material e o excremento vital em dejeção química? Vou dizer como: já chamei de externalização o processo pelo qual nossos objetos fabricados se originam em nossos organismos ou em suas diversas funções. Exemplos: a roupa vem dos pelos e da pele e os substitui; o martelo se extrai do antebraço e do punho; a roda imita rótulas, tornozelos e quadris... Desse modo, *nossos aparelhos aparelham* órgãos de nosso corpo... assim como, um pouco antes, um filete de sangue se convertia em linha vermelha presa nas minhas camisas. Também já chamei de exodarwinismo o fato de esses objetos citados se transformarem dentro do fulminante padrão de tempo da história das técnicas, mesmo sabendo que os organismos evoluem mais ou menos lentamente, acompanhando a

LIXOS, IMAGENS, SONS

escala geológica. Aqui, este livro e seu assunto mudam de velocidade.

Do subjetivo ao objetivo

Eis então que esses objetos, que se originaram a partir de nós, mas de maneira nova, servem agora para marcar territórios quando, fora de uso, nós os excluímos ou os jogamos fora. Transportamos alguns desses lixos para fora da cidade, outros sobram da agricultura ou dos motores. Além disso, no entanto — mais precisamente, desde Carnot —, sabemos que as máquinas a fogo, mesmo com rendimento ínfimo, da mesma maneira que os seres vivos, expelem restos, porém menos biodegradáveis, por um tubo que poderíamos denominar estercorário. Há mais tempo ainda, desde pelo menos a Idade do Bronze e a forja, sabemos também que as técnicas energéticas e térmicas se expandem e deixam cinzas ou escória que, em muitas línguas, têm o mesmo nome que nossas dejeções... assim como o farelo que sobrava dos moinhos de farinha era chamado de *bren* ou *bran*...[10] Os avôs de nossas panelas de pressão ou autocozedores eram denominados, por nossos avôs, *digestores*... Sabemos fabricar *máquinas de dejeção*.

---

[10] Aquilo que por último se aproveitava do cereal, em geral para ração animal, nos antigos moinhos, mas também se dizia de qualquer pequeno amontoado, de aparência suspeita e escura, fecal. (N.T.)

MATÉRIAS E SIGNOS

Com isso, esgotos, barcaças chatas para recolher lama, chaminés de fábricas termais, alto-falantes... podem ter a ver com orifícios, poros, bocas, ânus. O termo cloaca tem dois sentidos, um inerte e outro vivo. Em nossas línguas, igualmente, o ato de poluir passou do sentido vital e religioso dado à masturbação e à ejeção de esperma para o âmbito das rejeições industriais e, na evolução dos seres vivos, passou da urina para os lixos. É uma passagem que se abre.

Volta a nossos irmãos animais

Imaginemos agora que, em vez de correr para a erradicação, como está acontecendo, a espécie dos tigres (*Felis tigris*), pelo contrário, cresça em número, como os humanos, aos bilhões. Como em um filme de terror ou de ficção científica, imaginem os felinos de Bengala invadindo o espaço! Ou as hienas, os chacais, os lobos! Novo dilúvio aconteceria então, com o volume de urina deles, mesmo considerando apenas a que derramassem para delimitar territórios: seria uma inundação excremencial do planeta. O mesmo se passaria se, em vez dos tigres etc., fossem mustelídeos: estaríamos como mortos, em uma atmosfera horrivelmente pestilenta. Ultrapassada a densidade certa, o azoto deixa de ser fertilizante e vira veneno.

Uma espécie ganha, torna-se dona e controladora da natureza! O tsunami de fezes e urina dos porcos de criação

LIXOS, IMAGENS, SONS

(suídeos), hoje densamente acumulado, já suficientemente destrói os lençóis freáticos e empesteia os espaços rurais, a ponto de podermos evocar essa eventualidade sem que seja preciso apelar para o imaginário.

Poluição dura: abusos materiais

Nada, nisso tudo, parece ter a ver diretamente com as questões energéticas, ou seja, com as ciências duras. O principal viria dos procedimentos de apropriação usados pelas espécies consideradas ao se multiplicarem. Antes, então, de considerar os resultados da poluição, e para fazer isso da melhor maneira, teríamos de examinar, indo no sentido inverso, esses procedimentos. É o que faço com relação à nossa espécie, que verticalmente se multiplica, tornando-se senhora e proprietária da natureza.

O consumo de petróleo causa o efeito estufa, é verdade. Precisamos dessa energia não renovável para nos aquecer no inverno, iluminar nossas cidades à noite, para nos locomover, para locomover nossas mercadorias, tudo isso igualmente é verdade. Assim, as questões e aflições motivadas pelo meio ambiente se veem hoje quase exclusivamente tratadas por medidas e proporções estatísticas,

LIXOS, IMAGENS, SONS

levantamentos de dados geológicos e atmosféricos, análises químicas, estimativas biológicas ou de história natural... resumindo, tratadas pelas chamadas ciências duras e pela economia. Sendo elas próprias duras, no sentido de agressivas e, às vezes, mortais, essas catástrofes acontecem, digamos, naturalmente, sem a intenção de alguém? Só nos interrogamos quanto à nossa responsabilidade quando nos referimos às relações entre quantidades físicas. Questão: *em retrospectiva*, o que queremos quando sujamos o mundo?

Por um lado, não posso sentir o cheiro do estrume dos porcos — embora biodegradável —, tenho calafrios de nojo perto das fábricas de papel, sofro de asma na proximidade das autoestradas, e, por outro, meus ouvidos também, com relação aos barulhos de um avião ou de uma moto. Tudo isso faz meu corpo, animalmente, compreender que esses emissores responsáveis, com seus cheiros, sujeiras e sons, se apossam do espaço que eles habitam ou atravessam. Das áreas que assim invadem com suas saídas expandidas, duras, rígidas ou suaves, como uivos e signos, eles excluem minha presença, minha existência, minha saúde, minha respiração, minha tranquilidade, ou seja, meu hábitat. Como tigres e leões, ameaçam minha vida, meus pulmões e minha saúde... ao entrarem em meu nicho ou no espaço público. Como os galos e os mosquitos, eles cantam e zumbem vitória na extensão que ocupam. Os citados emissores invadem; quer dizer, apropriam-se do mundo.

POLUIÇÃO DURA

A poluição... suave

Vamos definir, para melhor distingui-las, duas coisas: para começar, as duras e as suaves. Refiro-me, por um lado, aos resíduos sólidos, líquidos e gasosos que soltam, pelos quatro elementos, as grandes empresas industriais ou as gigantescas descargas de restos, cuja ignomínia apõe sua assinatura nas cidades grandes; por outro lado, às imagens e aos verdadeiros tsunamis de escritos, de signos e de logotipos com que a publicidade passou a inundar o espaço rural e citadino, público, natural e paisagístico. Muito diferentes, pelo menos na ordem energética, lixos e marcas resultam, entretanto, do mesmo gesto conspurcador, da mesma intenção de apropriação e que tem origem animal. É claro, a invasão pestilenta do espaço por signos suaves não entra nos cálculos físico-químicos citados anteriormente, como os do clima, por exemplo; mas, associada à outra, ela se junta, se procurarmos em retrospectiva, à mesma intenção. E o resultado é este: a poluição emana, concordo, dos resíduos, de fato calculáveis, do trabalho e das transformações energéticas, mas, originalmente, de nossa vontade de apropriação, de nosso desejo de conquistar e de aumentar o espaço de nossas propriedades. Quem cria lagoas de viscosidades envenenadas ou outdoors coloridos garante que ninguém, em seu lugar ou vindo depois, vai se apropriar daquilo.

Assim como o cão urina e late, como o rouxinol canta, o cervo brame, o elefante berra... o caçador toca a trompa,

LIXOS, IMAGENS, SONS

o paquerador vulgar assobia para a mulher... o fabricante espalha seus produtos e grita no volume máximo a publicidade de sua pretensa excelência. Cada um se expande no espaço. Mijam na piscina. Até mesmo o fumante, até mesmo o adolescente que gosta da barulheira que faz sua motoneta... todos gritam a mesma autoafirmação no volume assim invadido por volutas e por sons: *ego, ego* é o que pipoca a moto do adolescente, revoltado-obediente, já que servilmente imita os donos de seu espaço e de seu tempo, a televisão, a propaganda e o rádio. Esse pipocar sai de um cano de escape, ótima denominação, como já disse, tão boa quanto a do fundamento natural ou a das vestais, a porta estercorária. Mergulhado na publicidade, quem, ensurdecido, não percebe um ânus no alto-falante de uma caixa acústica?

Primeiro argumento tirado da fronteira

Voltemos ao duro: determinada fábrica lança seus efluentes no rio vizinho, espalha-os na atmosfera ou os transporta para algum mangue mais afastado... *ninguém vê, evidentemente, que ela se apropria desses lugares.* Preciso, então, mostrar. Quem, no entanto, deixaria de perceber que ninguém mais no mundo pode beber dessa água, respirar esse ar, se aproximar dessa área...? São lugares que estão mais bem-protegidos do que por muros, fechaduras e cadeados! Os que assim deixam traços e marcas horripilantes

POLUIÇÃO DURA

se apropriam do lugar *não por habitá-los, mas por excluir qualquer outra pessoa dali.*

Realmente, é preciso meditar sobre a função da fronteira, esse limite em que urinam os tigres e de que Rousseau falou. Apesar de linear, apesar de abstrata, quer dizer, quase infinitamente fina, essa *demarcação*, muito curiosamente, compõe-se de três camadas. A primeira, interior, protege o habitante com sua suavidade; do lado externo, a última camada ameaça os possíveis invasores com suas durezas. Na camada do meio, abrem-se poros, passagens, portas ou porosidades pelas quais, e frequentemente por semicondução, determinado ser vivo ou determinada coisa entra, tranca-se, sai, transita, ataca, aguarda sem esperança... As preposições *em, desde, a, de...* descrevem a primeira camada; *para* e *contra* a terceira; *entre, por* e *perante* a faixa intermediária. Defender, proteger, proibir e deixar passar: é como, triplamente, funciona uma fronteira.

Exemplos: assim funcionam as muralhas de um hábitat ou as divisórias de um quarto; assim funcionam a membrana de uma célula, a pele, a concha, as escamas... de um corpo; também assim, o corpo propriamente, o organismo todo, ele mesmo fronteira entre dois meios, interno e externo; mas igualmente uma fazenda e a família que a habita e nela vive, fechada, pode ser, mas atravessada por um fluxo contínuo de trocas, de energias ou de linguagem. Da mesma forma, uma cidade com seus habitantes, antigamente assentada no interior de suas muralhas e, nos dias de hoje, fechada por seus

61

subúrbios ou sua via periférica. E também uma nação e seus cidadãos... uma ilha, um continente, a Terra inteira como planeta e os seres humanos, seus astronautas, lançados ao espaço... É como funciona o mundo. E nossas almas? Como quer que sejam... elas se abrem, se fecham, encontram... Descrever dessa maneira as fronteiras pelas quais as trocas e seus restos passam ou não passam me obriga a chamá-las de *ultraestruturas* e a considerá-las universais. Nesse caso, porém, as fronteiras já não se embaralham? Mais adiante vamos voltar a encontrar essa mistura.

Voltemos ao excremento: orgânico e subjetivo, ele concerne às três camadas dessa ou daquela fronteira. Atravessando a porta estercorária da faixa intermediária, o excremento de cada um para ele próprio cheira bem, cobrindo então a faixa interior, mas afastando qualquer estranho que passe pelo lado de fora da terceira; temos aí os três nichos muito precisamente descritos. Quanto à poluição dura, no sentido objetivo, *ela faz funcionar sobretudo a terceira camada: seu horror exclui.* Isso demonstra o ato de apropriação. Já a poluição suave concerne mais à primeira faixa: o cartaz convida, chama e inclui. Terei de voltar ao destino desses limites daqui a pouco.

Segundo argumento tirado de um crescimento paralelo

Novo argumento favorável à minha tese: a poluição cresce com a produção e o consumo de bens, ou seja, com o

POLUIÇÃO DURA

número de ricos dos quais, abundantemente, transbordam as lixeiras, duras, e os alto-falantes, suaves. O crescimento paralelo da propriedade, do dinheiro e do lixo demonstra a concordância entre eles; por meio dos dois últimos nos tornamos proprietários. O vocábulo anglo-saxônico *dumping* designa uma prática comercial em que o despejo de mercadorias a preço baixo em mercados externos evoca, com precisão, uma descarga pública. Determinado concorrente acusa seu rival de empilhar os resíduos de seu esgoto no mercado, ou seja, de se apropriar dele. Com toda a precisão, ele está dizendo o que quero dizer.

As estatísticas mundiais mostram que quem detém a riqueza ou mais rapidamente a faz crescer polui mais do que os pobres; e os que possuem, mais do que quem não possui; os dominantes, mais do que os dominados, ou seja, os proprietários mais do que quem nada tem... Com eventuais recusas a assinar os protocolos de acordo sobre o meio ambiente, os plutocratas desconfiam até mesmo das questões de ecologia, acusando seus defensores de conspirar contra o desenvolvimento e suas atividades. Isso tem a ver, certamente, com questões vindas das ciências duras, como a física e a energética, ou de outras mais suaves, como a economia; e menos, insisto, seja por defesa , seja por ataque, com a apropriação que anteriormente, em retrospectiva, se decidiu ou se desejou.

Os mais ricos, por outro lado, tranquilamente descarregam — outro caso de *dumping* — nos lugares em que moram os mais pobres. Com relação a isso, o bulevar periférico de Paris pode servir de exemplo: tomemos, de

LIXOS, IMAGENS, SONS

carro, a direção norte, com seus bairros populares, e as imagens, os outdoors agressivos e as luzes gigantescas nos enchem a vista até dar enjoo; continuemos na direção oeste, residencial e chique, e tudo se acalma, o verde aparece, não se vê mais publicidade. Morando nos bairros nobres, os proprietários de marcas e os chefões da comunicação não querem viver no meio daquela abominação, à semelhança, por exemplo, de diretores de redes de televisão que proíbem os filhos de assistir ao que eles próprios produzem. Emporcalhar os outros, tudo bem, mas não sua casa nem sua prole.

Quanto mais uma pessoa ou uma coletividade junta fortuna, mais faz barulho — suave, mas também duro. Quanto maior e mais forte for o barulho ou o alarde, mais suas produções ou dejeções, visuais e sonoras, têm alcance, têm poder — duro. Como se diz do poder em geral, tal pessoa ou coletividade tem imagem, odor e voz de longo alcance. O duro engendra o suave, que engendra o duro. A invasão global começa.

O diabo e o símbolo: comprar com dinheiro

Curta incursão em psicanálise elementar. Referência geral para Marx, o dinheiro tem conotação excrementícia para Freud. De fato, em páginas inapreciáveis sobre o segundo estágio, anal, foi como ele literalmente o definiu. Esse poderoso símbolo pode me servir como terceiro argumento.

POLUIÇÃO DURA

Depois de Marx e antes de Freud, Émile Zola, em *L'Argent*, romance do ciclo já citado, generaliza essa dupla intuição, caracterizando os valores financeiros sob suas duas espécies, bimetálicas, por uma série de extremos, ou contrários indemonstráveis: Deus e Diabo, Bem e Mal, Ser e Nada, estável e movente, destruidor e construtor, pior e melhor, jogo e trapaça, em alta e em baixa, raridade preciosa, mas também cito: estrume, cloaca, podre, lama nauseabunda... Acredito que esses três pensadores de esquecida modernidade descreveram intuições semelhantes às que usei ao me referir à fronteira. Deus, o Bem, o Ser, o caráter precioso... são convidativos e protegem, enquanto o Diabo, o Mal e o excremento excluem... Os três tratam de apropriação. Não acredito que a psicanálise tenha, como o autor de *Rougon-Macquart*, levado a intuição freudiana até essa função. Trata-se, no entanto, de uma tautologia: o simples ato de comprar — adquirir um bem em troca de uma dejeção de valor requintado — se torna uma aplicação de minha tese.

Prossigo. Alguém adquire certo terreno para nele deixar restos vis de metal e papéis. Precisaria cercá-lo, já que ninguém se meteria no meio dessa dura ferrugem? No entanto, antes ele já não havia deixado, com o vendedor, o cartório ou o banco, vil metal e papel para a compra? Outra pessoa adquire uma área para acumular esterco. Precisaria cercá-la, já que ninguém teria coragem de ir viver ali e dormir naquele fedor? Mas não foi preciso, antes disso, acumular seu excremento dourado, no sentido freudiano, para consegui-la? Quando os países ricos lançam seus lixos industriais nos mangues dos países pobres, não estão monopolizando, recolonizando? Quando, pelo contrário, os habitantes de um local protestam contra sua indicação como depósito de lixos nucleares, estão se revoltando contra um risco médico ou contra uma potência que abusa do direito de expropriação? Queremos continuar *no que é nosso* é o grito que se ouve.

Último argumento: frequentemente evocada nos debates nacionais e internacionais, a equação poluidor-pagador conta, precisamente, com esse equivalente excrementício. Se você suja, você paga: dinheiro é igual a lixo. Essa mesma igualdade se repete com relação ao nível percentual de gás carbônico. Economistas, políticos e juristas jogam no mesmo time, no estágio anal de Freud. Voltarei ainda ao outro papel, positivo e fecundo, do dinheiro e do excrementício: como fertilizante, nos dois casos.

Motor da expansão: signo suave, dinheiro, publicidade

De maneira objetiva, consideramos os escapes das fábricas ou do aquecimento doméstico, as carcaças de carros velhos, os campos de fertilização por esgoto... consideramos, digo, esses restos pelo aspecto físico ou energético; mas procuro descrever o motor da expansão espacial dessas poluições. E também das de outras sujeiras, sem nenhuma energia, mas igualmente enjoativas, como imagens e frases de publicidade, reduzindo a entrada de nossas cidades a fundos de latas de lixo, com esse barulho de fundo perpétuo,

POLUIÇÃO DURA

ensurdecendo com sua algazarra... Trata-se de signos — suaves —, e não de corpos químicos — duros. Como passar de um para o outro? Essa passagem contém, exatamente, o segredo da expansão.

Volto ao estágio que, analmente, interfere na economia e na política: não, o dinheiro não é um excremento, é somente seu símbolo. O tempo todo dizemos que ele *não tem cheiro*. Um, por assim dizer, duro, cheira, e às vezes tão mal que se torna excludente; seu signo ou símbolo, suave, cheira tão pouco ou tão bem que, pelo contrário, é atraente. Seria uma das passagens possíveis do duro ao suave e de um lado da fronteira a outro. Entretanto, o primeiro, pesado e lento, não é rápido; já o segundo, sutil e volátil, se espalha rapidamente; pois mais rapidamente se passa da troca ao pagamento, do ouro ao papel, do cheque ao chip... valores cada vez mais leves, rápidos, voláteis.

Daí a expansão no espaço: já a vimos passar, ainda há pouco, dos indivíduos às nações, e ela volta a crescer, aqui, para abranger o mundo. Para poluir, é preciso que a riqueza procure se espalhar. Como? Por qual dinamismo, por que circulação? A do dinheiro. Como certos animais delimitam seu nicho com urina, alguns seres humanos gostam de espalhar no espaço a imagem de seu rosto. "O primeiro que, tendo tido a ideia de multiplicar sua presença e o carisma de sua realeza no maior número de lugares possível, para ser dono e possuidor dessa extensão e da gente que a habita, propagou fichas de metal em que mandou gravar, cara e coroa, seu perfil, ao encontrar pessoas suficientemente cobiçosas para de

67

LIXOS, IMAGENS, SONS

imediato aceitarem a troca dessas peças ou marcas, foi o inventor do dinheiro e da moeda." É puro Jean-Jacques em versão pecuniária. Todavia, também sacrifical, pois essa cabeça, marcada no metal, sem corpo, roda por todo lugar, soa e pesa em qualquer bolso. Eu, rei, garanto o valor dessa moeda, que me cortem a cabeça se... Ou, melhor ainda: "O primeiro que, tendo delimitado um espaço, comprou-o para emporcalhá-lo com sua marca e para, com isso, anunciar: 'Isto é meu e eu sou o melhor' e encontrou gente ingênua o bastante para permitir que lhe roubassem a vista e para se tornar escrava inventou a publicidade." É puro Jean-Jacques em versão *ponto com*. Primeira versão: a explosão publicitária inventa o dinheiro. Segunda versão: o dinheiro inventa a publicidade. É como funciona o motor da expansão!

A atração irresistível do escrito, da imagem e do som

Que relação essas duas expansões mantêm com a poluição? Passem em frente a um outdoor escrito e colorido. *Imperiosas, as imagens e as letras obrigam a leitura, enquanto, súplices, as coisas do mundo mendigam um significado a nossos sentidos. Essas pedem; aquelas mandam.* Nossos sentidos criam o sentido do mundo. Nossos produtos já vêm com sentido, terra a terra; mais fácil de ser percebido à medida que for menos elaborado, próximo do dejeto. Imagens são dejetos de quadros; logotipos são dejetos de escrita; publicidades são dejetos de vistas;

POLUIÇÃO DURA

anúncios são resíduos de música. Impondo-se por si só à percepção, esses signos, fáceis e baixos, tapam a paisagem, que é mais difícil, discreta, muda, às vezes moribunda por não ser vista, pois a percepção salva as coisas. E os que não as veem podem sujá-las ainda mais. O capitão que despeja óleo em alto-mar nunca viu, quero dizer, fez surgir o sorriso incalculável dos deuses, que é exigente e até inventivo. Quem emporcalha a beleza do mundo alguma vez descobriu, alguma vez viu sua própria?

Assim sendo, quem suja o espaço com outdoors estampando frases e imagens rouba a paisagem ambiente da visão de todos, mata a percepção que se podia ter, traspassa o local com esse roubo. Primeiro a paisagem, depois o mundo. Ele semeia no espaço esses buracos negros que aspiram a sensação e destroem o perceptível. Com que direito? É o comportamento de um *squatter* universal. Da mesma maneira, igualmente imperiosa, uma moeda se mostra mais fácil de ser vista, lida, decifrada... do que o próprio objeto que ela compra. Ela tapa sua vista; mata-a. O símbolo anula a coisa. Os signos exprimem e suprimem o mundo.

Assim como as imagens e as cores vivas dos outdoors impedem que vejamos a paisagem, roubam-na, invadem-na, apoderam-se, recalcam-na, assassinam-na... do mesmo modo um ruído parasita impede que se fale e se ouça a pessoa ao lado; ou seja, impede com isso a comunicação. Coloquem no meio do hall de um edifício uma televisão funcionando o tempo todo: ninguém mais

LIXOS, IMAGENS, SONS

consegue o menor diálogo, cada um olha, ouve a tela com suas *transmissões* (que semelhança urinária!) que se apropriam de todas as relações.

Sino, sirene, almuadem, tantã... chamavam para o ponto da transmissão os que faziam parte da extensão assim invadida e apropriada; a intensidade do som definia esse espaço de maneira polar, referida a essa fonte. Hoje, o barulho da apropriação ultrapassa todo limite, uma vez que o polo, móvel e às vezes virtual, pode se deslocar pelo mundo inteiro.

A expansão no espaço cresce em direção à totalidade.

Nos limites da expansão:
excrementos globalizados da espécie

Os lixões gigantescos das cidades marcam a apropriação, pela coletividade, da natureza ao redor da urbe. Sem parar de sujar nossos arredores, nós nos (*quem, nós?*) apropriamos deles sem sequer percebermos. Não estamos, no entanto, reconhecendo isso ao dizer *arredores*? O que está ao redor do Homem o aponta como centro. Com isso, o tempo todo o denominamos possuidor. Nos limites dessa expansão, a poluição confirma a apropriação do mundo *pela espécie.*

É uma novidade: essas intenções, esses atos não se limitam mais ao indivíduo nem às coletividades locais. Já os vimos se propagar — esse verbo descreve a expansão

POLUIÇÃO DURA

de *pagus* em *pagus*, de campo lavrado em terreno familiar — do homem à sua família camponesa e depois aos sulcos ensopados de sangue da nação. Eles agora especificam o *Homo sapiens*, a espécie vencedora, como ainda há pouco, em minha narrativa de ficção, foi o tigre. Melhor ainda, essa espécie passou a saber construir o que anteriormente chamei de objetos-mundo, dos quais uma das dimensões se torna comensurável a uma das dimensões do mundo: um satélite gira à velocidade de uma lua; a indústria nuclear manipula energias e resíduos cuja intensidade ou durabilidade se avizinham às da Terra... Com base nisso, o espaço à nossa volta — o meio ambiente mais amplo — já serve de lata de lixo de fragmentos de naves espaciais explodidas... Quem, dessa forma, não vê que esse sujeito novo, o *Homo sapiens*, se apropria, na qualidade de espécie, da extensão ao redor de seu globo?

Assim descrito em seu ritmo rápido, *o próprio crescimento da apropriação se torna o PRÓPRIO do Homem*. Os animais, é verdade, se apropriam de seu território pela sujeira, mas de maneira *fisiológica* e *local*. *Homo* se apropria do *mundo físico global com seus dejetos duros* e, como veremos, do *mundo humano global pelos dejetos dos meios suaves*.

Intermédio pessoal e lamentações de passagem

Ah, quanta discrição não manifestavam os papas e os reis, antigamente, sendo precedidos, nas manhãs de festa, pelo

LIXOS, IMAGENS, SONS

som do canhão e por longas procissões de trompas... Quanta distinção cinzelada na torre do sino para só deixar que caísse nas cabeças do vilarejo o carrilhão cristalino anunciando os ângelus de meio-dia e do anoitecer... Até mesmo as prefeituras só disparavam sua sirene por motivo de incêndio e no primeiro dia de cada mês. Agora, em todo lugar e sem parar, temos uma tonitruância de resíduos, detritos e rebotalhos sonoros de motores, ventiladores, ares-condicionados, moedores, reatores, trituradores e sintonizadores saturando o velho mundo cloacal e pugnaz dos proprietários. São os verdadeiros senhores. Poluem lá — e também o *lá*! Lá estão! Aqui jazem! Silêncio, um anjo — pelo contrário, discreto locatário — apenas passava por lá.

Preciso dizer de novo, gritar por todo lugar, de tanto que sofro: como não chorar de nojo e de horror diante da devastação à entrada das cidades da França que, até os dias de ontem, eram tão ruralmente cordiais? Hoje, as empresas ocupam o espaço com a horripilação de suas marcas, entregues à mesma batalha selvagem que as espécies na selva, para se apropriar, com imagens e frases, como os animais fazem com gritos ou urina, da extensão e da atenção públicas. Excluídos que somos daquela referida entrada, nela não moramos mais; somente os poderosos, defecando em cima com sua feiura, a habitam. Velha Europa, que classe dominante inculta é essa que a mata?

Poluição suave: abusos mensageiros

Retorno aos dejetos do suave. Pode-se sempre buscar uma origem da linguagem. No que me concerne, gostaria de saber por que ela se refrata em mil línguas, de tanto que sofri por trás das barreiras dessa multiplicidade. Aqui está: se alguém falar malaio em uma reunião de gascões, esse alguém guarda para si mesmo o sentido do que disse. Por quê? Porque, para as pessoas presentes, dessa fala só se ouvem barulhos e gritos, como um dejeto de língua. Esses parasitas cobrem o sentido com um não sentido. Ao assim confundi-lo, tornando um dejeto o que disse ou encobrindo-o com outro dizer, em vez de transmiti-lo, o citado malaio — o mesmo poderia ser dito de qualquer dialeto — dele se apropria. A proliferação das línguas, com uma rede que traça no mapa-múndi outro mapa, mais ou menos análogo ao das nações e ao que traça a urina dos tigres... resulta dessas apropriações, análogas suaves daquelas outras, duras, da Terra, pelo fato de fazer barulho por fora e sentido por dentro. Fronteira, uma vez mais: aqui limpo e ali sujo. Sujo: fecundo pelo sentido e pela diversidade; opaco para o som e para a comunicação.

Sempre é possível buscar uma origem para a variedade de línguas. No que me concerne, gostaria de falar dos sotaques cuja multiplicidade forma, no interior de uma língua, um mesmo mapa, só que em outra escala, diferente dessa de ainda há pouco. A ti eu reconheço, ó nativo da Galileia! Quando os franceses me ouvem falar, eles imediatamente sabem que meu nascimento não se deu em Dunkerque, nem em Landivisiau, nem em Niedermorschwihr. Traço de alteridade na vinculação, barulho ou dejeto na língua, meu sotaque projeta meu lugar próprio no lugar comum. Guardo meu espaço natal pelo barulho que faz minha língua. Pequeno mapa com pequenas fronteiras, na imensidão de ainda há pouco.

Diálogo impossível

Como eu, ouçam o vivo apelo do pichador revoltado, às vezes até levado à justiça, contra o publicitário honrado, legal, dominador, contribuinte: "Com que direito você se apropria do espaço com essas suas macaquices repetidas por todo lugar, se apropriando, com isso, também do espírito de seus contemporâneos?", defende-se o primeiro contra o segundo, para depois continuar: "Por que não teria eu o mesmo direito? Minhas pichações são críticas e reproduzem as suas porcarias, debocham delas. Você diz que emporcalho as paredes e as portas do metrô, mas não acha minhas obras mais originais, menos iterativas que as suas, merdosas, repetindo sempre a mesma marca? Covarde que é, você nem assina, enquanto eu, pessoalmente, assino minhas obras." E o publicitário responde: "Pois saiba que não está inventando nada. Rabisca nas paredes apenas nomes e palavras que o obriguei a decorar, de tanto que os propaguei." Intrometo-me então no diálogo e acrescento: "Eu mesmo também sou pintor e picho este livro."

Apesar de reciprocamente se acusarem de *dumping* suave, a sociedade, o direito e os costumes se decidem em unanimidade pelo dinheiro. No tribunal, é o rico que vai ganhar. Vindo do subúrbio — do lugar de banimento —, é o outro que fala em meu livro. Escrevo-o expressamente para a geração seguinte.

Minha página, minha pichação de raiva.

Nós, os possuídos

Os sociólogos estudam o rumor boateiro como fenômeno de propagação de um barulho, em geral calunioso, no interior de um grupo. No entanto, existem, além disso e mais importantes, tecnologias do rumor: mídia e publicidade

LIXOS, IMAGENS, SONS

sabem e podem propagá-lo com anúncios, outdoors e alto-falantes (esses aparelhos com buracos que, antes, comparei a certo órgão baixo). Apoiando-se no mimetismo hominídeo, essas tecnologias repetem e fazem com que se repita determinado sinal, para obter uma expansão exponencial. Essa segunda dinâmica, pela qual o que quer que seja se espalha no espaço, assemelha-se à da *violência, que é o lixo do ato*: quem recebe uma pancada ou ouve uma coisa... devolve ou repete, e isso não acaba mais. Até que todos estejamos, literalmente, *possuídos* pelos tais difusores de imagens, *dejetos picturais*; de sons, *dejetos de língua*; de repetições, *dejetos de pensamento*... *em suma, por esses lixos audiovisuais tão facilmente transformáveis em dinheiro*, ele próprio tão facilmente transformável em dejeto.

Possuído, torno-me eu mesmo um dejeto de minha consciência. A repetição dos barulhos embriaga tanto quanto a violência. Tornamo-nos todos alto-falantes. Deem ouvidos aos diálogos correntes: todos repetem a repetição corrente. O mesmo circuito se fecha para todos. O motor citado anteriormente provou sua eficácia.

Posse do mundo, posse dos homens

Assim fazem os donos do espaço. Possuidores do mundo, em volume, mas também do laço social. Assim fazem os donos dos objetos do mundo, mas também das relações entre os homens. Desse modo, donos da espécie,

POLUIÇÃO SUAVE

eles possuem o que especifica o humano, a sapiência da linguagem. A replicação passou a governar os homens. Não mais falarás, não mais te exprimirás, apenas imitarás o barulho.

Eis então que se tornaram proprietários de nossas almas, sujadas com a feiura e entulhadas de repetições até a estupidificação e a alienação. S.O.S., salvem nossas almas! Lanço esse apelo que os homens da terra acham ser próprio dos marinheiros — quando em perigo, estes últimos gritam, sobretudo, *Mayday*, galicismo para *M'aidez* [Me ajudem]. Quem vai salvar minha alma enegrecida, conspurcada, espoliada, apropriada, *possuída*, como um cão, pela Voz de seu Dono, que vocifera e repete no alto-falante? Ó pobre alma minha, tão suja quanto a entrada de uma cidade! Quem haverá de salvar, tão bem quanto, meu pobre corpo pesado de obesidade por essas publicidades?

Que o leitor não tome essas palavras por injúrias sujas nem simples metáforas. Não. Minha frágil alma vive pela vibração do barulho de meu calor, de minha voz consciente, de minha versão da língua materna, de minha musiquinha sutil. Montaigne me ajuda nisso, na companhia de autores que me aumentam. Outros a destroem, cobrem-na com escapamentos, com psitacismos ruidosos, dejetos de pensamento. É como se apropriam. E vejo-me aqui, por eles *alienado*. Literalmente, *possuído*.

Ontem, comecei minha meditação querendo dizer que a poluição e sua forma de sujar tomam posse das

LIXOS, IMAGENS, SONS

ruas e das praças, das estradas e do céu, ou seja, do mundo e dos objetos. Amanhã vou terminá-la descobrindo, de maneira brusca e inesperada, a estranha sujeira de minha alma e os muitos possuidores de meu espírito e de minha língua. Tenho *meu subjetivo tão possuído* quanto o coletivo e o objetivo.

Cogito: escravo como coisa no espaço, perco meu ego e guardo somente a mesmice; sem ideias minhas, minha mesmice apenas repete, fazendo eco, formas de *idemas*. Pelo zumbido citadino das colmeias, dos cupinzeiros ou formigueiros... como certos insetos repetem. Voltando a cair nessas raias animais, corremos o risco de perder o caminho da hominização? Receio acabar voltando aos bichos, dos quais minha meditação partiu. Bichos políticos, será que mergulharemos, como aqueles insetos, na inteligência coletiva?

Balanço

As dejeções sonoras, visuais e respiratórias emanam da termodinâmica, da combustão, da tecnicidade, do inerte, das questões energéticas, do Diabo e do que vem com ele... Contemos e meçamos, tudo bem, mas elas vêm, *de início*, dos projetos, perfeitamente conscientes e organizados, de guerra aberta que travam os proprietários para invadir o mundo e ocupar sua extensão. Citei dois resultados que a invenção da moeda produziu na Iônia,

POLUIÇÃO SUAVE

no século V a.c., e que vieram dessa motivação propriamente: o tirano adorava invadir, com seu perfil, o espaço em que dava seu show, espalhando-o por todo lugar, em moedas de ouro. Sabendo, desde cedo, que o poder exige encenação — há quem diga que se reduz a isso —, ele inventou a publicidade ao mesmo tempo que inventou o dinheiro. Impôs-se como proprietário do espaço e das relações por onde sua moeda circulava. Com esse espaço, hoje contado em quilômetros quadrados, foi como se o proprietário mais invasivo da Terra comprasse, naquela época, outdoors suficientes para que a humanidade inteira fosse forçada a ler seu nome ou o de sua marca. É como posso descrever o traseiro agachado de alguns *squatters*, cobrindo o mundo, as almas dos homens e a minha.

Nada mudou desde Aquiles e os tigres, desde Júlio César e os chacais, desde Rômulo e suas lobas. Os exércitos, com dureza, com violência, destruíram corpos e bens para possuir os países em que sacrificavam e, depois, enterravam milhares de cadáveres. Emitindo, como o corpo, mil formas de dejeções, as técnicas, em seguida, permitiram invadir e se apropriar com dureza. E, já que estou voltando ao suave, de repente me lembrei de Immanuel Kant ao escrever, muito apropriadamente, que a mentira pertence a quem a inventa, tornando-o, *ipso facto*, o responsável por ela, enquanto a verdade, objetiva e universal, não pertence a ninguém. Teria imaginado estar, com isso, também definindo a

LIXOS, IMAGENS, SONS

apropriação como uma sujeira? O mentiroso urina sobre a verdade, a mentira polui o espaço inocente da verdade. *Como não ver o mundo coberto de mentiras apropriadas?* Como não ver que essa apropriação impede que se veja o mundo verdadeiro, objetivo e universal, tal qual? No balanço final: os citados lixos, em outras épocas, assolaram então nossos corpos e nossas sociedades com sua dureza; líquidas, sólidas, visíveis... pensáveis, calculáveis e analisáveis... sensíveis ao olfato. Outros invadem o espaço e nossos cinco sentidos, além de tudo, com signos e ondas suaves, choque de palavras e de fotos, gritos e zumbidos disso que somos obrigados a chamar de *muzak*.[11] Pelo lado da ciência: se nos limitarmos à termodinâmica, à química e também à biologia e ao efeito estufa, procurando afastar apenas as nocividades duras, favorecemos as indústrias e as técnicas assim chamadas limpas. Com isso, esquecemos que as imagens, o colorido, a música e os sons, igualmente excrementícios, invadem e poluem o espaço tanto quanto o fedor irrespirável do gás carbônico e dos derivados do petróleo. A poluição dura se apropria do mundo duro. Tão perigosa quanto ou até mais nociva, a poluição suave se apropria dos homens, com relações frequentemente sutis e tímida consciência. Essa suavidade, às vezes

---

[11] *Musaque* em francês, *musak* em inglês e assim adotada em português, é a música ambiente, de fundo, pejorativamente chamada "música de elevador". (N.T.)

80

POLUIÇÃO SUAVE

invisível, cobre o espaço das coisas e o de nossas relações tão rapidamente quanto a dureza; e invade a ausência de espaço por onde perambulam nossas almas.

Natureza e culturas

Há várias gerações, vivemos e pensamos, no Ocidente, como se devêssemos separar a natureza, dita dura, das culturas, ditas suaves. De um lado tempestades e tsunamis que não têm intenções; de outro, instituições e diálogos, humanos e convencionais. De um lado as forças; de outro, os códigos.

É o que venho repetindo há várias páginas. Fizemos com que o suave se tornasse, a nossos olhos, a nossos ouvidos, a nossas almas... tão duro quanto o duro! Será que cometemos, separando dessa maneira natureza e culturas, um erro de julgamento, causando um crime mortal contra nós mesmos e o mundo, inerte e vivo? É verdade, só sabemos falar da poluição em termos físicos, quantitativos, ou seja, por meio das ciências duras. Mas, não, é precisamente de nossas intenções que se trata, de nossas decisões, de nossas convenções.

Em suma, de nossas culturas.

O desapossamento do mundo

"O primeiro ser vivo a cercar um terreno, cuidando de urinar a seu redor, tornou-se o primeiro proprietário e, ao mesmo tempo, o primeiro dos poluidores." É puro Jean-Jacques, em versão "verde". Da poluição vem a apropriação e vice-versa. Desde a invenção da descarga nos banheiros — no fim do século XIX, em Londres — e do escoamento de esgoto, de fato se tornou difícil — e muito raro — poder marcar nossos nichos com urina. Com a mudança de regime, nós nos voltamos a outras técnicas, tanto duras quanto suaves. Caso levemos em consideração apenas as primeiras, corremos o risco de não resolvermos o problema.

Não, estou enganado, tudo pode mudar, pois, inversamente, não poluir equivale a não se apropriar nem invadir. Eis a sublime novidade: um novo avanço para a paz. O círculo de que se falou antes pode se fechar de

LIXOS, IMAGENS, SONS

outra forma. Vamos lá, recomeço pela última vez. Muitos animais delimitam seus nichos com urina ou alguma outra dejeção. Se eu cuspir na sopa, ninguém mais vai querer prová-la: torna-se propriedade minha. O próprio [limpo] se consegue e se mantém com o sujo. Seguimos os comportamentos animais, agrícolas, religiosos, tribais, nacionais, industriais, globais... No entanto, acabo de empregar esse verbo preciso, *delimitar,* isto é, *traçar as fronteiras do lugar em que reino como senhor e dono.* O proprietário se fecha dentro de marcas que limitam. "O primeiro que, cercando um terreno, cuidou de dizer: 'Isto é meu'..." Rousseau, eu disse, erra muito, *mas não com relação à cercadura, às marcas, às fronteiras, aos limites, às margens.* Aquele que viu o irmão se dedicar ao trabalho de traçar uma muralha foi morto por seu gêmeo. Assim, sujando o chão, seu sangue fundou a muralha da cidade. Essa história da fundação de Roma se mantém verdadeira, do *pagus* latino ao cadastro e até as fronteiras nacionais.

A rede desses limites pessoais ou familiares, ou a das fronteiras, sejam elas camponesas, cadastrais, nacionais, internacionais; os mapas-múndi, portulanos e rodoviários, não repetem todos eles aquele de origem antiga, aquele que a urina traça no gradeamento de certos nichos ecológicos, ou aquele outro que, pela manhã, aureolava o lençol de esperma e que a expressão popular — tão frequentemente judiciosa — chamava de *mapa geográfico?* Em caso afirmativo, isso, hoje, não está em via de desaparecer?

O DESAPOSSAMENTO DO MUNDO

Desvanecimento dos limites: fim da Geografia?

Na verdade, não sei se algum dia os etologistas se deram ao luxo de fazer um levantamento para um mapa cujas zonas e traçados retratassem os nichos definidos pela urina dos diversos machos de uma floresta, de uma savana ou de um deserto. Não sei se algum "curioso" estampou, um dia, em um papel, as auréolas manchadas em um lençol pelas citadas motivações ejaculatórias. Não sei se algum mestrando ou doutorando de alguma ciência humana pensou em representar a mucosidade sujando eventualmente um pano, um piso, um cômodo. Nem se algum historiador delineou a passagem de reis ou de heróis sanguinários pontilhando as marcas das cinzas e dos membros esparsos deixados pelos sacrifícios, antigamente oferecidos aos deuses. Imaginemos esses diferentes cadastros levantados e os empilhemos *sob* os de uma comuna, com suas parcelas e pastos, pontos-d'água e lavouras, eles próprios enfiados sob o mapa do município, da região, do estado, da nação, do continente, acrescentando-se outros, com formas e cores exprimindo as religiões, as línguas, as culturas, a economia, a densidade da população... Eu gostaria muito que lessem este livro como leriam esse *Atlas estercorário* em que a crescente apropriação tivesse, desse modo, empilhado as cem redes dessas marcas, manchas e divisórias todas.

Desde no máximo a Idade do Bronze e no mínimo a Revolução Industrial, os afluxos de calor não têm

LIXOS, IMAGENS, SONS

mais limites e se espalham pela atmosfera aqui, ali e pelo mundo. O que se expele dos fogos humanos se assemelha à dinâmica caótica das erupções vulcânicas, que sabemos poderem provocar invernos nucleares. O dono de um alto-forno podia sujar o ar até o oceano e a estratosfera; com isso, ele fazia crescer sua propriedade por terra, águas e ares, *sem limites*. Quisesse ou não, sua propriedade inchava, globalizava-se... estourava. Fundia-se em e por todas as outras, vizinhas ou distantes. Nesse caso, ela se anulava para, com isso, atravessar qualquer cercadura? Fim dos traços, das marcas, dos mapas, dos atlas, fim da Geografia; fim das cores, fim dos limites... Estaríamos voltando à pré-Geometria, à época em que Anaximandro inventou uma extensão indefinida? Vou acabar dizendo que, pelos extremos, esse crescimento da apropriação anuncia, na verdade, o fim da propriedade.

Para esclarecer esse desvanecer das fronteiras e, até mesmo, meditar sobre sua origem, basta apenas cheirar a urina do tigre ou, melhor ainda, ouvir o canto do rouxinol. "O primeiro que, tendo cercado um terreno, tratou de falar alto, de gritar, de tocar um clarim ou uma trompa, anunciando ao longe 'Isto é meu', inventou a ocupação de um espaço sem limites, que pôde crescer, em seguida, com a invenção do microfone, do rádio, das técnicas chamadas *tele*, o que significa o que leva para longe." Tudo é meu, ele diz. Tudo é nosso, respondem todos os vizinhos — seus rivais, todos os Remos desse

O DESAPOSSAMENTO DO MUNDO

Rômulo — ao mesmo tempo que todos os homens para além do horizonte. Achamos que o termo rede resume nossas modernidades, ao passo que, ao contrário, ele exprime essa extensão desaparecida. Não habitamos mais o espaço de nossos pais.

Um novo espaço

A partir daí, a poluição, dessa maneira que nos aflige desde o século XIX e que, globalizando-se hoje, denunciamos e tanto nos preocupa, revira os dados primários, vitais, "naturais"... dessa sujeira e de seus velhos resultados; obriga-nos a uma mudança em nossas maneiras de apropriação. Não habitamos mais o mesmo espaço, e o novo não apresenta marcações divisórias possíveis. Inextrincavelmente misturamos nossos afluxos. *Não podemos mais cercar um terreno.* Só podíamos fazer isso no espaço antigo, facilmente mapeável. Mas não é mais nele que vivemos. Habitamos um espaço topológico, sem distâncias, e não a velha extensão euclidiana ou cartesiana, metricamente mensurável por uma rede de coordenadas. Nossas técnicas globais, nossos objetos-mundo, nossas comunicações, cujo alcance até mesmo ultrapassa o sistema solar, acabam de transformá-la em um espaço totalmente diverso no que se refere às suas vizinhanças e continuidades, dificilmente recortável. Nessa topologia,

LIXOS, IMAGENS, SONS

sem distâncias nem medidas, desaparecem os terrenos *à la* Rousseau.

É bem verdade, não pensávamos — e eu não imaginava, até este trabalho — que a citada poluição resultasse da vontade humana de se apoderar do mundo e que o sujamos, na verdade, para possuí-lo. *Eppure!*, como exclamou Galileu, e os números confirmam: os poderosos poluem mais do que os miseráveis, como já disse. Aviões, trens, automóveis, motos lançam CO_2, mas também barulho, anunciando, a distância, a importância dos viajantes e o domínio do espaço pelas companhias de transporte. Medem-se fortuna e poder pelo volume dos dejetos. Assim, pelo duro e pelo suave, a poluição marca a vontade de poder, o desejo de expansão espacial, *a guerra de todos contra todos*.

Voltemos a uma origem que, por muito tempo, fez os filósofos meditarem, e medito, então, por minha vez: os três estágios, anteriormente apontados por Dumézil, e também sobre seu fim. O Século das Luzes tentou nos libertar de Júpiter, quero dizer, do domínio do divino. Conseguiu? Terminada a Segunda Guerra Mundial, alguns homens de talento e boa vontade inventaram uma Europa sem fronteiras para tentarem, por sua vez, livrar as nações do domínio de Marte, ou seja, dos horrores mortais da guerra. Conseguirão? Agora, será preciso nos libertarmos dos confrontos começados pelo domínio de Quirino, isto é, a produção, o trabalho, o esgotamento dos recursos, o comércio, a economia, a circulação de

O DESAPOSSAMENTO DO MUNDO

bens e de signos? Que novo Iluminismo vai libertar a humanidade desses três falsos deuses? Eles é que traçavam os mapas religiosos, políticos e sociais, pelo menos no espaço indo-europeu. Novamente, porém, essa cartografia desvanece, junto com nossas brumas.

O Dilúvio, no fim da expansão

Mesmo sem poderem se passar por leitores de Descartes, os que se negam a assinar qualquer protocolo e continuam, com o velho deus Quirino, a aumentar os trabalhos (quem, abrindo um parêntese, vai repensar o trabalho segundo esses dados novos, vai calcular o rendimento decrescente do trabalho produtivo com dejetos que se acumulam ao mesmo tempo que declina a utilidade de seus resultados, quem vai inventar um *batralho*,[12] invertido, cujas obras terão de reconstruir o que o antigo trabalho destruiu?) os trabalhos, continuo, e também fortunas e projetos, confessam, com isso, que pretendem se manter senhores e donos da natureza: não apenas de um lugar, como antigamente, mas do mundo, justamente esquadrinhado pelas coordenadas cartesianas. Globali-

---

[12] Sistema de gíria francesa, chamado *verlan*, que consiste em inverter de maneira fonética as sílabas das palavras (o próprio nome, "verlan", é a inversão fonética de *l'envers* [inverso]). (N.T.)

zada, a atual poluição resulta da luta pela posse do espaço em sua totalidade. Não percebem que essa perda dos limites suprime os limites da propriedade?

De fato, basta levar as coisas ao extremo para se dar conta dessa consequência. No termo, global, do formidável crescimento que contagia com seu ritmo meu livro, vejam se erguer diante de vocês uma figura dura do Dilúvio: o planeta totalmente invadido por lixo e outdoors, lagos saturados de dejetos, fossos submarinos entulhados de plásticos, mares cobertos de destroços, de detritos e de restos orgânicos... Em cada rochedo de montanha, em cada folha de árvore, em cada área lavrável... se imprime alguma publicidade; em cada relva se escrevem letras; as grandes marcas mundiais desenham suas imagens enormes nas geleiras gigantescas do Himalaia. Como a catedral da lenda, a paisagem é engolida por um tsunami de signos. Desaparecidas todas as demais espécies, estaremos *sozinhos no mundo*, a sós com nós mesmos. Nessa arca global, habitada apenas por nossa espécie, em que restam alguns dejetos de política — o público da publicidade —, a natureza se abisma sob a "cultura". Naquele primeiro Dilúvio, em que Noé navegou, a cultura havia desaparecido sob a natureza. Nessa inundação final, ao contrário da inicial, haverá algum ponto denso o bastante onde buscar uma obra-prima, um só diamante denso de sentidos? Quem não percebe que, então, só navegará nesse mar a homogênea dejeção do Grande Proprietário, *sapiens sapiens*, que terá vencido? Existem ilhas em que esse final já fede e se anuncia.

Da paz

Por outro lado, imaginemos que, por exemplo, para o restabelecimento do clima, nós nos dediquemos a lutar honestamente contra o efeito estufa. Nesse caso, retornando às nossas intenções subjetivas e coletivas, deveríamos limitar os meios e as vontades de apropriação que separam, *no espaço objetivo*, os fracos dos fortes. A se supor, então, que lutemos contra a poluição, deveríamos assinar as premissas de um novo Contrato social generalizado, este que denomino natural e para o qual enuncio, no presente livro, algumas condições prévias, inéditas no precedente.[13] Generalizando ou globalizando a sujeira, apagando, desse modo, as fronteiras que dão acesso ou interrompem o ato de sujar, ou seja, de se apropriar, *o direito de propriedade atinge, de repente, um patamar insuportável, perfeitamente impossível à vida.* É preciso, então, repensá-lo, quero dizer, ultrapassar sua situação atual que ainda remete a certos costumes animais. Trata-se de avançar, uma vez mais, no difícil caminho da hominização.

---

[13] *Le Contrat naturel*, livro de Michel Serres. Paris: François Bourin. (N.T.)

LIXOS, IMAGENS, SONS

Então, quando a propriedade deixa de reconhecer suas marcações divisórias, o espaço que ela recortava deixa também de pertencer a alguém, pois a propriedade só existia por traçar a rede de fronteiras de um mundo que seu gradeamento coloridamente demarcava. Não nos dávamos conta de viver dentro de redes de mapeamento que só exprimiam a apropriação. E, agora, essa expansão transparente, visível, legível, acústica e até o ar respirável... não pertence a todos, isto é, a ninguém? Sonho, por exemplo, que o espaço perceptível volte a ser *res nullius*. A quem, dando outro exemplo, sortear, atribuir as passagens do Nordeste e do Noroeste do planeta, que logo estarão livres do gelo das geleiras, tendo em vista o aquecimento? E quem terá o direito de leiloá-las? Os países *limítrofes*, no sentido da Geografia atual, normalmente querem garantir para si esse direito. Por quê? Para ali multiplicarem suas trocas a preço mais barato, para que ali transitem navios e comércio, para se enriquecerem, é claro, e, com isso, poluírem ainda mais. Poluição-propriedade, minha tese se sustenta.

O direito de propriedade dependia, então, desse conjunto entrecruzado de cercaduras, e isso, volto a dizer, traçava um atlas de mil mapas, em que os grandes impérios eram vizinhos dos pequenos. Espalhado por todo lugar, o calor vem derretendo o conjunto dessas pequenas redes. O fogo global dissolve o espaço em que se banhavam. Habitamos ainda esse mapa-múndi? Não, estamos, ao contrário, entrando em um novo mundo em que, pouco

O DESAPOSSAMENTO DO MUNDO

a pouco, se apaga o recorte que coloria, com o traçado dos limites, as apropriações. Habitação própria, o mundo, *em locação global*, torna-se o *Hotel da Humanidade*. Não o temos mais; só o habitamos agora como locatários.

O *contrato natural* denunciava, em preâmbulo, a ordem cartesiana, ato agressivo e leonino de apropriação; não devemos mais nos impor como senhores e donos da natureza. O novo Contrato se torna um tratado de locação. Quando nos tornarmos simples locatários, poderemos prever a paz; paz entre os homens quando houver paz com o mundo. Que venha essa *cosmocracia*.

O desapossamento do mundo

Até aqui difícil e suja, minha meditação de repente me recompensa com uma descoberta possível — porém fulgurante — da beleza. Quem sabe, perceber a beleza do mundo — e também a das obras e dos corpos humanos — consiste, muito simplesmente, em tirar da frente os dejetos da apropriação? Descobrir: retirar essa cobertura, esse dilúvio de lixo... Kant define o Belo como desinteressado. Pretendo-o desapropriado, livre de imundícies. Desejo e pratico o desapossamento do mundo.

Descubro também por que minha língua preciosamente mantém os dois sentidos da palavra estética: a sensação e a beleza. A percepção revela, desvela, de tanto tirar os véus. Nada esconde tão bem as coisas quanto os dejetos da propriedade. Quando os retiro, desvelo a beleza do mundo. Sim, a percepção salva o mundo. Se e quando porventura o marinheiro, oscilando de um bordo a outro e de proa a popa, vive no sorriso incalculável das divindades oceânicas, quando e se o camponês não para, a fim de manter seu nome, de magnificar a paisagem, o primeiro não haverá mais de descarregar petróleo no mar e o segundo não venderá mais seu terreno ao tsunami da publicidade. Extática, fervorosa, rara... a desapropriação admira, quando lúcida, e protege, quando eficaz.

Descobrir, desapossar.

Descubro a espessura das posses

Tarefa difícil. Volto ao empilhamento dos mapas. Não se trata apenas de Geografia. Todas as nossas percepções nos mostram o real através de uma rede de pressupostos que o constroem. Acreditamos se tratar de um dado, no sentido filosófico, mas nós o construímos. Exemplo: certas culturas veem o que chamamos estrelas ou astros, corpos para nós ígneos a circularem no vazio, como pontas de ouro semeadas na cúpula de uma abóbada. Veem nisso um dado imediato? Nós também! São duas construções. Saberes e culturas imprimem em nós as referências por meio das quais se impõe o que julgávamos ser um dado. A esse real — do qual, é possível, nada sabemos e nunca saberemos — nós cobrimos não só de urina e de lixo, de signos e de marcas, mas também, em seguida, de estruturas mais finas, através das quais

O DESAPOSSAMENTO DO MUNDO

menos o vemos, cheiramos ou compreendemos do que, mais uma vez, nos apropriamos, em nome da ciência, da técnica, do pensamento: são centenas de mapas a mais.

Então, acima dos mapas-múndi sujos, nacionais, empilham-se ainda milhares de redes que nos mostram e, ao mesmo tempo, nos escondem as coisas do mundo. Podemos demonstrar, sem risco de engano, que jamais atravessaremos essa espessa cobertura acrescentada. Resumindo, acreditamos perceber e compreender diretamente as coisas, mas não, fazemos isso por meio de um impenetrável empilhamento desses outros mapas, por meio daquilo que se pode novamente chamar de estratégias de apropriação, agora mais sofisticadas e menos grosseiras do que as que acabo de descrever.

Chama-se descoberta, nas minas e mineradoras, a retirada da camada de terra e de rochas debaixo da qual se encontra o mineral desejado. Quando crescem essa massa e a densidade da matéria que a compõe, o trabalho de escavação e de transporte por pás, tratores, guindastes e caminhões... pode se tornar quase tão caro quanto a extração do chumbo e até do ouro. Proponho que meçam, em nosso caso, a enormidade do esforço a ser feito para *descobrir*. Não apenas limpar os dejetos, mas levantar os formatos dessas finas estratégias. Como desmanchar essa crosta de superfície que de tal forma impede o acesso ao real que até duvidamos de sua existência, que até podemos demonstrar, com argumentos concludentes, que ele não existe? E se, desesperadamente, tentarmos retirar essa imensa e densa espessura?

95

LIXOS, IMAGENS, SONS

O que temos embaixo? Primeiramente, a beleza. Ao percebê-la, um plácido êxtase me conduz para além de mim mesmo. Poderei então dizer, descrever, mostrar... o que percebo? Não, pois não disponho de linguagem alguma para isso: todas as línguas emanam das redes pelas quais percebo o pretenso real e mostram com toda a evidência não haver inefável. A única experiência direta que posso obter me provoca apenas esse êxtase. O mesmo esforço desesperado se aplica às camadas espessas que, ao cobri-lo, mostram e escondem meu próprio eu — ou a mim de mim mesmo. De onde se segue o mesmo êxtase silencioso.

Posso então dizer o que percebo? O que a ninguém pode pertencer? O Belo? Nada? O Vazio? Deus?

A religião, de novo

Volto ao início, à vida tal qual. Privado de lugar, ser algum pode viver. Quem o priva o mata. Também natural, o direito ao hábitat se fundamenta nessa universal fraqueza do ser vivo. Está, com isso, muito próximo da abolição da pena de morte. São dois raros enunciados de direito natural, quero dizer, de direito fundamentado em universais de vida e de morte.

Dita cristã, eis, mais uma vez, como começa a Era do Ocidente e talvez como, bifurcando na direção da natureza, para melhor poder deixá-la de lado, suas culturas

O DESAPOSSAMENTO DO MUNDO

se definem. Uma saudável tradição hebraica veio antes e um de seus ritos, já citado, festeja os *tabernáculos*, essas tendas temporárias de pano e de folhagem nas quais, atravessando o deserto, o povo judeu se abrigou, de lugar em lugar, de locação em locação, durante as fraquezas do Êxodo.

Mais tarde, começou o tempo iniciado por Aquele que nasceu em uma manjedoura, um presépio de animais, não havendo para ele lugar na hotelaria. Nascido em um estábulo, na companhia do asno, do boi e de alguns carneiros trazidos pelos pastores das redondezas, *sem teto*; mais tarde, privado até de uma pedra sobre a qual repousar a cabeça, *sem cama*; nascido de uma mãe *virgem*, da qual as santas mulheres nem encontraram o cadáver na *tumba vazia*. A palavra "casa" figura tão pouco nos Evangelhos quanto a inscrição "aqui jaz" em sua tumba. Sem *leito*, sem *vagina*, sem *aqui*: nenhum desses três lugares-referências da propriedade que denominei natural lhe foi dado. Nascido, é verdade, de uma mãe, mas sem nela deixar traços. Nele e com ele começa a história de uma religião original, a de um homem-deus sem matriz, sem leito nem tumba, no máximo da miséria, condenado à morte.

Deus sem lugar, Deus do não lugar.[14] A religião de nossa era começa com essa fratura de fragilidade. Infinitamente

---

[14] A expressão *non-lieu* [não lugar] existe, no Direito francês, significando a decisão de não prosseguimento de um processo iniciado contra determinada pessoa por falta de evidências. (N.T.)

LIXOS, IMAGENS, SONS

fraco, esse Deus suplica nossa proteção, no sentido de um teto construído com nossas mãos. Para que Deus se encarne, cada cristão deve oferecer hotel — a matriz, a cama e a tumba — onde abrigar esse sem-teto? Onde lhe oferecer locação? Apenas minha intimidade oferece isso.

Remate: abusos e usos individuais

Passamos nós a parecer esse herói histórico ou esse homem-deus, com nossas vidas se desenvolvendo como a dele. Em um novo espaço e ao longo de outro tempo, uma nova fase da hominização começou. Questão: como, hoje, habitar o novo mundo? Seres humanos duros antigamente viviam em uma Terra dura. Queriam tê-la para poderem nela viver: dizendo isso, a língua que usavam conjugava o mesmo verbo. Hominescentes[15] suaves passaram a habitar um espaço que precisamos rapidamente tornar suave o bastante para podermos nele sobreviver, mas à condição, então, de igualmente lutarmos contra sua apropriação pela invasão do suave. É esta a obra *locadora* de hoje.

---

[15] Neologismo do autor, designando a emergência hominídea. Ver *Hominescências*, publicado pela Bertrand Brasil em 2003. (N.T.)

LIXOS, IMAGENS, SONS

No presente livro, sustento duas teses, com a segunda redefinindo a liberdade. A primeira descreve uma evolução bastante geral: a deriva viva que segue do duro ao suave. Pode acontecer de uma energia se metamorfosear em signo e este se misturar a ela. Ou ela se misturar a ele. Culturalmente, as maneiras de apropriação começam, nesse ponto, com uma morte — Rômulo mata Remo para se apoderar de Roma — ou, pelo menos, um enterro — os antepassados dos proprietários dormem sob a terra do *pagus*. Começam, também "naturalmente", com um jato de urina — cães ou tigres —, com sangue dos sacrifícios ou até com um jorro de esperma — a impregnação... Passando por esses corrimentos corporais, tudo isso desemboca em um dilúvio de escrita, de imagens, de signos e de barulhos — publicidade, poluição —, inundando as paisagens e nossas almas, possuídas. Pode acontecer, volto a dizer, de o suave se tornar tão duro quanto o duro.

Sugiro que nos livremos de todo esse tipo de comportamento e dessas obrigações com relação à apropriação. Que nos livremos dessas dejeções. No mesmo ímpeto, a se repetir por todo lugar, que libertemos, do sagrado, a terra: do sangue, do sacrifício, da guerra; e, da morte, o chão: cadáveres, tumbas, cemitérios; e, da apropriação e da submissão sexuais e genitais, as mulheres e as crianças; enfim, da apropriação publicitária, o espaço e nossa percepção; *ou seja, da suja bomba das propriedades, o planeta...* Terei, enfim, descoberto um nome novo para a liberdade? Locatário, libertário.

REMATE

Res nullius, egonomia

Tal coisa não pertence, como própria, à pessoa alguma. Essa velha expressão do direito hoje nos afeta a todos, como pessoas. O combate, agora sem fronteiras, a que se entregam os mais ricos e poderosos, pela posse do espaço, do dinheiro, dos bens e dos signos, termina, ou melhor, deve chegar, seguindo sua dinâmica, a seu término. Porque produz um mundo exatamente sem fronteiras, que a ninguém pode mais pertencer. Levado a termo, a seu número total e extremo, o próprio gesto de apropriação se encaminha assim ao fim da propriedade. *Mundus, res nullius*: o mundo a ninguém mais pertence, nem aos que lutam para tê-lo, pelos próprios resultados dessa luta; nem aos outros, excluídos pelos resultados dessa mesma luta. Sem mais ar respirável, sem água indispensável, sem terra a lavrar, sem fogo para aquecer, sem vivente a comer... Então, *res nullius, mundus*: não briguem mais pelo mundo, ele não pertence mais aos homens. Não apropriável, desapropriado.

Entretanto, os homens também não se pertencem mais. Assim como não podemos viver no espaço de uma carnificina imunda e dura, nossas almas se tornam áreas de estrumeira, campos de fertilização por esgoto das imagens e dos sons, suaves, provindos dos combatentes da apropriação. Até mesmo comparei minha própria assinatura, tornada imunda, a uma entrada de cidade, emporcalhada de outdoors. Não somos mais nossos. Então,

101

Homo nullius: o Homem não é de ninguém mais, pertence apenas a si. Que venha essa *egocracia*. Pelo menos essa *egonomia*.

A liberdade consiste, atualmente, nessa tripla libertação: libertar o espaço; libertar nossas almas; libertar, pelo menos, um lugar.

O fim da guerra, o perigo do apocalipse

Poluir para se apropriar? Sim, a história desse gesto está no fim. Não podemos mais cercar um terreno. Não vivemos mais no mesmo espaço, não habitamos mais o mesmo mundo que aqueles que, com esse gesto, determinavam o curso morno da história e traçavam as redes de nossas cartografias. Pelo menos no sentido daquele direito "natural" de apropriação, não há mais direito: misturados, indiferenciados, os limites se fundiram sob o efeito de nossos fogos misturadores.

Antigamente e outrora, de um campo a outro e a respeito de seu estatuto, as guerras entre os homens faziam furor. Desencadeada, a violência invadia um espaço que considerávamos, sem saber, simples suporte no qual inscrever esses limites, incessantemente remodelados por esses mesmos conflitos. No entanto, nesse novo espaço sem fronteiras, implicando um novo estado de não direito,[16] *a guerra acabou.*

---

[16] *Non-droit* no original, ausência de legislação (para uma situação, um determinado lugar: uma zona franca). (N.T.)

REMATE

Por vários motivos: ela começou no Egito, em Troia, em Roma... não sei dizer... como instituição de direito. Desde então, dar início exigia uma declaração formal e terminar se concretizava por tratados ou pactos, de armistício ou de paz, ajustando conflitos muitas vezes territoriais, traçando novas fronteiras. Perfeitamente assim definida como ato de direito, essa guerra, de fato, acabou. Pululam agora relações violentas de não direito, dessas chamadas terroristas, já nascidas na época do Terror, na França da Revolução. Igualmente acabou porque, hoje, uma hiperpotência sem rival provável não consegue dar conta, mesmo com gastos gigantescos, de uma das mais frágeis nações atuais. Quanto não custaria, então, um confronto contra uma potência equivalente? As velhas guerras ficaram absurdamente caras. A antiga potência, a antiga riqueza... para nada servem. O fim dessa guerra histórica, de direito, nos deixa sem direito, quer dizer, no mais arriscado dos perigos possíveis. *O fim dos limites espaciais faz soar o fim dos limites de direito.* O fim da guerra nos entrega à violência desenfreada: com um risco de apocalipse.

Para nos livrarmos desse risco: uma só guerra contra todas

A fusão das fronteiras marca então o fim da guerra de todos contra todos, quero dizer, de todas as nações contra todas as nações. Outra guerra, no entanto, antigamente

LIXOS, IMAGENS, SONS

sem direito, apresenta-se hoje à nossa consciência e se torna, assim, bem nova. Há muito tempo, porém, já havíamos dado início a esse conflito contra o mundo. Não tínhamos consciência porque a citada natureza não reagia às nossas agressões agrícolas, técnicas, industriais, motoras... boa moça que é, ela aceitava. Nossos avanços, é verdade, tinham pouco alcance. Senhores e donos locais, julgávamos ter submetido o mundo à escravidão — dura. Há quem até mesmo pensasse que ele se reduz à nossa representação — suave.

Eis que, em face de nossas forças crescentes e generalizadas, ele de repente se impõe ameaçador, global, formidável, mais poderoso do que todas as nossas potências reunidas, necessário à nossa sobrevivência e à de nossos filhos, trovejante como Júpiter, ardente como as forjas de Hefaísto, em tsunamis de ondas marinhas como Netuno... Ei-lo à nossa frente, despertado por nossos empreendimentos... A ira do céu, atiçada por nossos votos, faz chover em nossas cabeças um dilúvio de fogo... Vejo, à minha frente, uma Besta gigantesca, mais alta e poderosa do que os antigos Leviatãs, sinto-a vibrar sob meus pés, como a senti tremer, no terremoto por que passei em Stanford, ouço-a sacudir as costas para se livrar de todas as coberturas que nossas empresas de apropriação nela acumulam há milênios. Ela ergue essas cobertas. Rejeita nossos dejetos. Livra-se dos mapas cujas redes a prendiam. Expulsa nossas propriedades. Não, nossos rivais não nos ameaçam mais, mas ela nos contra-ataca; não,

REMATE

nossos inimigos e nossos adversários não nos agridem mais, mas ela nos deixa inquietos. Temos apenas ela à nossa frente. Cuidado: será que ela quer se livrar dessa espécie que se julgava sua proprietária? Será? Pode ser, mas será o que ela quer? Temo que sim.

Nesse caso, o Contrato natural funcionaria como um tratado de paz que, novamente, acabaria essa segunda guerra, *a única que se possa mesmo dizer mundial*, pois o Homem trava-a contra o mundo, mas a estaria terminando por motivo inverso: por ela exigir um direito. É preciso, urgentemente, assinar esse Contrato, nem tanto como nações, mas como espécie.

Quando o navio afunda, tornam-se ridículas, estúpidas e perigosas as batalhas entre timoneiros, no alto, no convés, e entre os maquinistas, embaixo, nas máquinas. Com tempo ruim, é melhor — não, é necessário — se unir para reforçar as coisas, tanto as vivas quanto as mortas. *A guerra contra o mundo substitui, integra, obriga, adiciona... e termina todas as guerras entre os homens.* A paz com o mundo obriga à paz entre os homens. Só nos salvaremos do apocalipse se — e apenas se — os seres humanos de todos os países se unirem sem fronteiras para terem como único parceiro o mundo.

A WAFEL em tempos de hominescência

Regularmente ouço funcionários das instituições internacionais dizerem: "Não nos reunimos para tratar de assuntos

LIXOS, IMAGENS, SONS

ligados à água, ao ar, ao fogo, à terra, aos seres vivos... nem ao mundo... mas sim para defender os interesses de nossas respectivas nações." No lugar das instituições *coletivas* que atingem, hoje mesmo, a idade decisiva em que os dinossauros desapareceram, propus, anteriormente, constituir uma instituição *objetiva*, a WAFEL, cujas iniciais significam, em inglês, não os homens, nem as nações, nem a espécie, mas sim o mundo: a Água, o Ar, o Fogo, a Terra e os seres vivos. Um pouco mais e virá a *cosmocracia*.

À guerra de todos contra todos, de todas as nações contra todas as nações, passa então a se opor uma única guerra contra todas, uma guerra contra todas as guerras, a guerra do mundo diante das guerras entre os homens. O naufrágio impedirá o apocalipse. Um imenso fragmento da História, que gosto de chamar, insisto, período de hominescência, termina.

Essa luta contra a poluição segue, exatamente, o processo de hominização. Acabo de mostrar, de fato, que devemos, pouco a pouco, deixar a condição animal, a condição dos mamíferos ou dos carnívoros que urinam nos limites de seus nichos. A divisa cartesiana de domínio e posse da natureza — quem poderia imaginar? — nos assimilava aos cães e aos leões, com relação ao duro, e aos rouxinóis, com relação ao suave. O infeliz Descartes avalizava nossos costumes bestiais.

Vivemos ainda — sempre vivemos? — semianimais, semi-homens, como fetiches. É onde, o tempo todo, se mantém nossa parte de baixo.

REMATE

Reserva do mundo, reserva do Homem

Até aqui, falei só negativamente, exprimindo críticas e reservas. Termino com uma última palavra, abrindo um luxuoso leque de sentidos positivos.

Em reserva, o mundo e as coisas constituem a soma total das reservas. É o primeiro sentido, *coletivo* e *objetivo*, exprimindo a ligação do gênero humano com seu hábitat: poupança, provisão, tesouro, parque mundial. Com relação a essa reserva, temos de observar reserva. É seu segundo sentido, *subjetivo*, de psicologia, de estética e de moral, simultaneamente: discrição, cuidado, moderação, modéstia, respeito, recato, decência, pudor, admiração deslumbrada... Obrigação de desprendimento... (Cuidado a se tomar na passagem: sangue e esperma dão vida; igualmente biodegradáveis, os excrementos podem servir de adubo, como disse; que não se busque um mundo limpo demais, em que, mais uma vez, uma cultura pura demais cubra a natureza, impura; estéril, sem corpo estranho, seria ainda mais perigoso do que concreto, quero dizer, misturado; que se valorize o biodegradável... lave-se, lave-se bem, só não se lave demais, ficaria doente... o excesso de produto de limpeza é nocivo.) Devemos praticar um dever de reserva; nesse terceiro sentido, *jurídico*, a totalidade do mundo e das coisas forma a sucessão hereditária das gerações futuras, suas reservatárias legais. Último sentido, *locativo*: aqui e somente aqui, habito minha reserva.

LIXOS, IMAGENS, SONS

De fato, não há mais propriedade além de minha reserva, ou seja, de meu nicho próprio. Meu casacão *a minima*. Meu país: minhas páginas. Dada sua fraqueza, dada essa fragilidade que gosto de dizer ontológica, essa sua miséria, esse seu vazio... que formam, a meu ver, o próprio do Homem... cada um tem o direito, vital e natural, à moradia. Como, agora, definir os limites íntimos dessa locação, tornada porosa pelas novas tecnologias? "O primeiro que, tendo cercado uma horta, cuidou de dizer: 'Isso, para mim, basta' e permaneceu egônomo, sem babar como um caramujo por mais espaço, teve paz com seus vizinhos e guardou o direito de dormir, de se aquecer, além do direito divino de amar." É puro Jean-Jacques em versão Serres.

Assinatura locativa

Com isso, posso ainda ousar a publicação destas linhas? Com a urina, os animais também escrevem; igualmente as crianças, com excrementos. Meu país: minhas páginas. Atrevo-me a assinar? Tão brancas quanto a toalha e os guardanapos de um restaurante de luxo, tão limpas, insisto, quanto devem ser os lençóis da cama de um hotel hospitaleiro, de páginas assim, anteriormente deslumbrantes de virgindade, acabo de sujar dezenas com minha tinta preta e minha enérgica intenção de invadir suas alíneas. Graças ao computador, não faço mais manchas! Eis-me autor e, junto com o editor que apõe sua sigla na capa, torno-me um de seus proprietários, forçando-os a pagar para ler. Será que posso, além do mais e sem contradição, assinar meu nome? Qual? De fato me chamo Michel Serres. Já que dizem ser meu nome *próprio*, minha língua e a sociedade me fazem pensar que tenho a *propriedade* dessas duas palavras. No entanto, conheço centenas de Michel, de Miguel, de Michaël, de Mike ou de Mikhaïl... E todo mundo, igualmente, conhece outros Serres, Sierra, Junípero Serra... que vem de um nome uralo-altaico designando a montanha. Cheguei a conhecer homônimos exatos. E não somente esse nome não é meu próprio, mas também seu sentido designa o comum. Michel: *quem é como Deus?*, questiona o místico ou o teólogo judeu; Serres, ou *quem vive nas montanhas*, diz o geógrafo ou o historiador da rota da seda. Assim sendo, os nomes próprios, às vezes, imitam ou repetem nomes comuns e até mesmo *lugares*, eventualmente. O meu, por exemplo, cita o Monte Saint-Michel francês, ou o da Itália, ou ainda o da Cornualha; são três pontos alinhados. São locais mais ou menos prestigiosos que habitamos. Chamo-me Michel Serres, não como próprio, mas em *locação*.

Meu verdadeiro nome, o único pessoal e autêntico, eu não conheço e o esqueceria se conhecesse. Não posso, então, assiná-lo, pois, enunciado por meu DNA, compõe-se de quatro letras combinadas milhares e milhares de vezes. Como em um cadeado de código numérico,

LIXOS, IMAGENS, SONS

a combinação original, específica e rara, permanece em segredo até para mim. Ninguém, fora as exceções, saberia então dizer seu patronímico original. Como eu, todos, pelo contrário, apresentam-se apenas pelo que tomaram emprestado. Nunca ninguém teve meu número genético nem o seu, leitor. Já Michel Serres houve no passado, há no presente e haverá futuramente, tanto quanto há, hoje, apartamentos e casas para alugar.

Meu verdadeiro nome pessoal, enfim, minha identidade autêntica, codifica e contribui para construir, na realidade viva, meu organismo — carnal, pesado e *duro*. Duro, isto é, comparável às forças e às energias das coisas do mundo e em conexão com elas. Meu passaporte e meus diversos cartões de crédito ou as pretensas carteiras de identidade — que se limitam a dizer algumas das minhas vinculações — estampam meu nome *locativo*, signo arbitrário e leve, ou seja, suave.

Suave, isto é, aéreo e volátil. Suave, isto é, desnorteado e frágil. Suave, branco. Suave, pacífico. Suave, miserável e sem lugar.

Novembro de 2007

Impresso no Brasil pelo
Sistema Cameron da Divisão Gráfica da
DISTRIBUIDORA RECORD DE SERVIÇOS DE IMPRENSA S.A.
Rua Argentina 171 – Rio de Janeiro, RJ – 20921-380 – Tel.: 2585-2000